高等职业教育自动化类专业系列教材

变频、伺服、步进应用实践教程

刘元永　赵云伟　**主　编**

王　震　韩晓冬　**副主编**

魏召刚　**主　审**

U0291302

电子工业出版社

Publishing House of Electronics Industry

北京·BEIJING

内 容 简 介

本书依据高等职业教育自动化类专业的人才培养方案和新的教学指导方案,遵循"教、学、做"一体化的理念,在总结教学团队多年实践教学经验的基础上编写而成。

本书主要内容包括:变频器的认知、变频器的安装操作、变频器面板操作、外部端子控制变频器运行、变频器高级应用操作、伺服系统的认知、伺服系统应用、步进系统的原理及应用。

本书可作为职业院校自动化类专业的教材,也可作为相关工程技术人员的参考用书。

图书在版编目(CIP)数据

变频、伺服、步进应用实践教程 / 刘元永,赵云伟主编. —北京:电子工业出版社,2019.7(2024.1重印)

ISBN 978-7-121-34508-1

Ⅰ.①变… Ⅱ.①刘… ②赵… Ⅲ.①变频器-高等学校-教材 Ⅳ.①TN773

中国版本图书馆 CIP 数据核字(2018)第 128382 号

策划编辑:朱怀永
责任编辑:朱怀永
印　　刷:固安县铭成印刷有限公司
装　　订:固安县铭成印刷有限公司
出版发行:电子工业出版社
　　　　　北京市海淀区万寿路 173 信箱　邮编　100036
开　　本:787×1092　1/16　印张:13.25　字数:339.2 千字
版　　次:2019 年 7 月第 1 版
印　　次:2024 年 1 月第 10 次印刷
定　　价:39.80 元

凡所购买电子工业出版社图书有缺损问题,请向购买书店调换。若书店售缺,请与本社发行部联系,联系及邮购电话:(010)88254888,88258888。

质量投诉请发邮件至 zlts@phei.com.cn,盗版侵权举报请发邮件至 dbqq@phei.com.cn。

本书咨询联系方式:(010)88254608,zhy@phei.com.cn。

前　言

电气传动是一门综合交叉学科，包括电动机与控制、电子技术、信息技术、传感检测技术、自动控制技术等各相关技术及其有机结合，广泛应用于国防、能源、交通、冶金、化工、港口和机床等各个领域。纵观各国近代工业发展史，放眼现代工业发展的新潮流，人们越来越认识到电气传动自动化技术是现代化国家的一个重要技术基础。可以这样说：大至一个国家，小至一个工厂，它所具有的电气传动自动化技术水平可以直接反映其现代化的水平。

一个电气传动系统由电动机、电源装置和控制装置三部分组成，它们各自有多种设备或线路可供选用，其中广泛应用的有三相异步电动机和变频器（简称变频）、步进电动机和步进驱动器（简称步进）、伺服电动机和伺服驱动器（简称伺服）。现行课程重点定位在变频器，随着科学技术的进步和电子元器件成本的降低，伺服驱动和步进驱动以其良好的性能应用得越来越广泛。在电气和机电项目的各级各类比赛中，除变频器外都或多或少地应用了步进和伺服驱动技术。例如：教育部主办的全国职业院校技能大赛——"自动化生产线安装与调试"赛项中，分拣站采用西门子或三菱变频器，输送站采用松下伺服驱动器；与世界技能大赛接轨的"机电一体化项目"赛项中，颗粒上料单元应用三菱变频器，机器人单元应用研控步进，成品入仓单元应用三菱伺服系统。随着技能大赛的引领，一批职业院校纷纷建设了配备亚龙YL-335B自动化生产线实训考核装置、亚龙YL-158GA现代电气控制系统实训考核装置、三向SX-815Q机电一体化综合实训考核设备的实验实训室。

但是，职业院校中开设伺服和步进课程的很少，教材更是凤毛麟角。为此，我们编写了此书，书中囊括了生产实践和技能大赛中常用的变频、伺服和步进。传统的教材中，变频、伺服和步进相关篇幅只讲述某一品牌，或者两种品牌分开讲述。但变频、伺服和步进的品牌众多，学生毕业后实际工作中遇到的很可能不是他在学校中学习过的，而且职业院校学生的自学能力和知识的迁移能力普遍有待加强。为此，本书选取市场占有率比较高的西门子和三菱变频，台达、松下和三菱伺服，步科和研控步进。在内容组织上将不同品牌的变频、伺服和步进融合起来，抓住相同点，区分不同点，使学生融会贯通、举一反三。

本书按照教、学、做一体化教学模式进行编写，以各职业院校普遍装配的实验实训设备为载体，通过实现模拟生产中的典型项目驱动教学。本书侧重实践应用，紧扣"准确、实用、先进、可读"的原则，力求达到提高学生学习兴趣和效率以及易学、易懂、易上手的目的。目前，职业院校的变频器教材大多侧重工作原理、数字量控制、模拟量速度给定等内容，本书不仅囊括了这些，而且还包含PID控制、通信控制，非常全面。本书通过真实的企业项目，使学生掌握伺服系统的三大典型控制模式——位置控制、速度控制和转矩控制。通过真实的企业项目，使学生掌握步进系统的理论知识和实际应用。

本书在内容取材和安排等方面具有以下特点：

（1）囊括了三种典型的电气传动系统：变频器、伺服电动机和伺服驱动器、步进电动机和步进驱动器。

（2）将不同品牌的变频、伺服和步进融合起来，抓住相同点，区分不同点，使学生融会贯通、举一反三。

（3）每个项目中都包含软硬件配置、接线图和所需程序。程序可供下载，下载网址为www.download.cip.com.cn。

（4）真实的企业项目使学生在实践应用中实现与企业零距离接触，提高学生学习兴趣。针对大多数实际工程中遇到的问题，给出解决方案，具有很高的工程实践性。

在教学实施过程中，各职业院校可根据本校实验实训设备的配置，将"单元知识"和"单元实训"细分后相互配合实施，也可以在完成"单元知识"学习后再进行"单元实训"。变频、伺服、步进以本校实验设备采用的品牌为主，以其他品牌为辅。本书将一些补充内容和实践性内容放在了"项目拓展"中，教师可根据情况选用。建议：本课程的教学过程应强化过程考核，侧重上机实操；加强考核学生应用理论知识解决实际问题的能力，削弱考核学生对理论知识的死记硬背；每一项目完成后，学生互评和教师评价的成绩加权后作为学生课程综合成绩的主要部分。

本书由山东工业职业学院刘元永、赵云伟任主编，王震、韩晓冬任副主编，曲延昌、李磊参编，魏召刚任主审；山东商业职业学院周恒超和中国电力科学研究院有限公司王德顺参加本书编写。其中，韩晓冬编写了单元1和单元2，赵云伟编写了单元3、单元4，王德顺编写了单元5的5.1，周恒超编写单元5的5.2，刘元永编写了单元6、单元7，王震编写了单元8，曲延昌绘制了大量复杂的电路图，李磊参与了编写并给予编写指导。

感谢校企业合作单位亚龙教育装备有限公司相关领导和相关技术人员、中国电网山东省电力公司东营供电公司崔荣喜，他们不仅提供了大量翔实的技术资料，还提供了嵌入课堂教学的技能训练产品，共同设计了"单元实训"。本书在编写过程中参考了有关书籍和研究成果，以及产品制造商资料手册，并引用了其中的部分内容，在此一并表示感谢！本书编写仓促，书中难免存在疏漏和不足之处，我们恳切希望读者对本书多多提出指导意见与建议，联系邮箱644464621@qq.com。您的指导意见和建议将极大地改进我们的教学和本书再版。

编　者

2019 年 3 月

目　　录

单元 1　变频器的认知

单元导学

本单元教学课件

以认识变频器为学习内容，通过对西门子和三菱变频器外部结构和铭牌的学习，使学生熟悉变频器，掌握其铭牌信息及主要参数。

1. 知识目标

（1）熟悉变频器的外部结构、防护形式及散热方式。

（2）熟悉变频器的操作单元、显示内容及键盘设置。

（3）掌握变频器的铭牌信息、型号标识及主要参数。

2. 技能目标

（1）能准确识别变频器的铭牌及型号。

（2）能正确读取变频器的主要参数。

单元知识

变频器是利用功率型半导体器件的通断作用，将固定频率的交流电转换为可变频的交流电。在电气传动控制领域，变频器的作用非常重要，应用也十分广泛，目前从一般要求的小范围调速传动到高精度、快响应、大范围的调速传动，从单机传动到多机协调运转，几乎都可以采用变频技术。变频器可以调整电动机的频率，实现电动机的变速运行，以达到节电的目的；变频器可以使电动机在零频率、零电压时逐步启动，减少对电网的冲击；变频器可以使电动机按照用户的需要进行平滑加速；变频器可以控制电气设备的启停，使整个控制操作更加方便可靠，延长电器的使用寿命；变频器可以优化生产工艺过程，通过 PLC 或其他控制器来实现远程速度控制。

变频器的内部结构相当复杂，除了由整流、滤波、逆变组成的主电路外，还有以微处理器为核心的运算、检测、保护、驱动等控制电路。但对大多数用户来说，只是把变频器作为一种电气设备的整体来使用。

1.1 变频器的结构

MICROMASTER420（以下称 MM420）系列变频器的结构基本相同，整体外形为半封闭式，从外观上看，它主要由操作面板、端盖、器身和底座组成，如图 1-1 所示，其拆解图如图 1-2 所示。

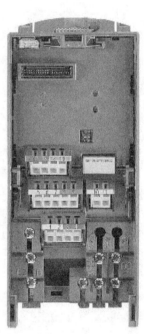

图 1-1　MM420 系列变频器　　　　图 1-2　MM420 系列变频器拆解图

三菱 FR-E700 系列变频器的结构都基本相同，整体外形为半封闭式，从外观上看，它们主要由操作面板、端盖、器身和底座组成。三菱 FR-E740 系列变频器的外形如图 1-3 所示，其拆分结构如图 1-4 所示。

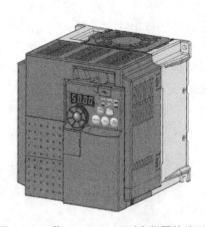

图 1-3　三菱 FR-E740 系列变频器的外形

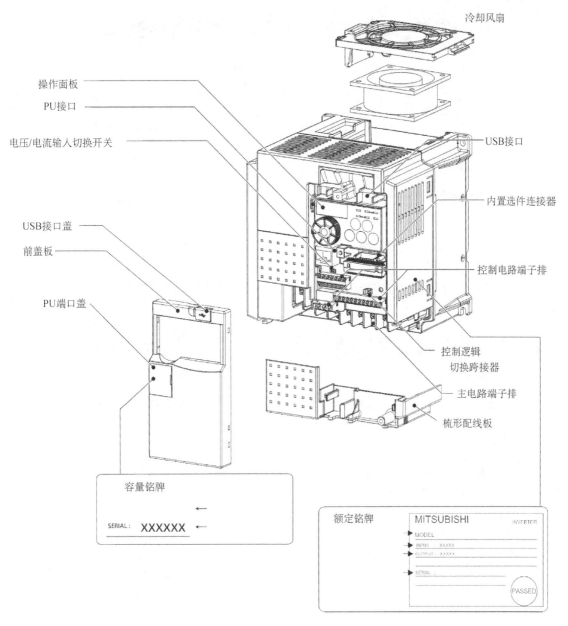

冷却风扇

操作面板

PU接口

电压/电流输入切换开关

USB接口

内置选件连接器

USB接口盖

前盖板

PU端口盖

控制电路端子排

控制逻辑
切换跨接器

主电路端子排

梳形配线板

容量铭牌

SERIAL: XXXXXX

额定铭牌

MITSUBISHI INVERTER

MODEL

INPUT : XXXXX

OUTPUT : XXXXX

SERIAL :

PASSED

图 1-4   三菱 FR-E740 系列变频器的拆分结构

1.2   变频器的铭牌

　　铭牌是选择和使用变频器的重要依据和参考，其内容一般包括厂商的产品型号、编号或标识码、基本参数、电压级别和标准、可适配电动机容量等。MM420 系列变频器的铭牌在变频器的侧面，铭牌内容如图 1-5 所示。MM420 系列变频器有两种输入电源规格，即三相 380V 和单相 220V。这两种变频器的外形相似，要通过仔细查看铭牌的输入电压来区分。

图 1-5   MM420 系列变频器铭牌

三菱 FR-E700 系列变频器铭牌的设计非常独特，在变频器的器身上贴有大小两个铭牌，大铭牌是额定铭牌，主要用于标识变频器的机型、额定参数和功率指标；小铭牌是容量铭牌，主要用于标识变频器的机型和容量。大小铭牌主要作用之一是方便用户识别变频器，如图 1-4 所示。

1.3   技术规格及主要性能

技术规格及主要性能一般都标注在铭牌的醒目位置上，它是选用变频器的主要依据。

1. 输入侧的额定值

变频器输入侧的额定值主要是指输入侧交流电源的相数和电压参数。在我国中小容量变频器中，输入电压的额定值有以下几种（均为线电压）。

380V/(50～60Hz)三相：主要用于绝大多数设备中。

230V/50Hz 三相：主要用于某些进口设备中。

230V/50Hz 单相：主要用于民用小容量设备中。

此外，对变频器输入侧电源电压的频率也都做了规定，通常都是工频 50Hz 或 60Hz。

MM 420 系列变频器的电源电压和功率范围见表 1-1，三菱 FR-E700 系列变频器的型号、电压、适用电动机功率见表 1-2。

表 1-1   MM 420 系列变频器的电源电压和功率范围

相数	电压范围	功率范围
单相	200V 至 240V±10%	交流 0.12～3.0kW
三相	200V 至 240V±10%	交流 0.12～5.5kW
三相	380V 至 480V±10%	交流 0.37～11.0kW

表 1-2   FR-E700 系列变频器的型号、电压、适用电动机功率

型号	电压	适用电动机功率/kW								
FR-E740-□K-CHT	三相 400V	0.4	0.75	1.5	2.2	3.7	5.5	7.5	11	15
FR-E720S-□K-CHT	单相 200V	0.1	0.2	0.4	0.75	1.5	2.2			

2. 输出侧的额定值

①额定输出电压。由于变频器在变频的同时也要变压，所以额定输出电压是指变频器输出电压中的最大值。在大多数情况下，它就是输出功率等于电动机额定功率时的输出电压值。

②额定输出电流。是指变频器允许长时间输出的最大电流，它是用户选择变频器的主要依据。

③额定输出容量。是指变频器在正常工况下的最大容量，一般单位是 kV·A。

④适用电动机功率。变频器规定的适用电动机功率，单位是 kW。

⑤过载能力。是指变频器输出电流超过额定电流的允许范围和时间，大多数变频器都规定为 1.5 倍额定电流和 60s 或 1.8 倍额定电流和 0.5s。

3. 变频器的频率指标

（1）频率范围

频率范围指变频器输出的最高频率和最低频率。各种变频器规定的频率范围不尽一致，西门子 MM420 系列变频器的频率范围为 0～650Hz，三菱 FR-E700 系列变频器的频率范围为 0.2～400Hz。

当看到西门子 MM 420 系列变频器的频率范围和三菱 FR-E700 系列变频器的频率范围的数据时，对于一个变频器的初学者来说，马上就会感到惊诧、惊奇、惊叹。假设用三菱变频器驱动一台 4 极三相异步电动机，那么当变频器输出频率为 0.2Hz 时，电动机的同步转速只有 6r/min，显然这个转速比爬行还要慢得多。在变频器低频输出时，普通电动机靠安装在轴上的外扇或转子端的叶片进行冷却，若速度降低则冷却效果下降，因而不能承受与高速运转相同的发热，必须降低负载转矩，或采用专用的变频器驱动电动机。当运行频率为 400Hz 时，电动机的同步转速高达 12000r/min，这是普通电动机机械强度所无法承受的速度；并且在 6～12000r/min 这样一个宽广的速度调节范围内，变频器驱动电动机可在任意转速点上稳定工作。当电动机运转频率超过 60Hz 时，应注意以下问题：

①机械和装置在高转速下运转的可能性（机械强度、噪声、振动等）；

②电动机进入恒功率输出范围，其输出转矩要能够维持工作；

③要充分考虑轴承寿命问题；

④对于中等容量以上的电动机特别是 2 极电动机，在 60 Hz 以上运转时要特别注意。

（2）频率精度

频率精度指变频器输出频率的准确度，用变频器实际输出频率与给定频率之间的最大误差与最高工作频率之比的百分数来表示。例如，三菱 FR-E700 系列变频器的频率精度（数字端子）为 0.01%，这是指在 $-10～15℃$ 温度下通过参数设定所能达到的最高频率精度。

例如，用户给定的最高工作频率为 $f_{max}=120Hz$，频率精度为 0.01%，则最大误差为

$$\Delta f_{max}=120×0.01\%=0.012（Hz）$$

通常，由数字量给定时的频率精度约为比模拟量给定时的频率精度高一个数量级。

（3）频率分辨率

频率分辨率指变频器输出频率的最小改变量，即每相邻两挡频率之间的最小值。

例如，当工作频率为 $f_x=25Hz$ 时，如果变频器的频率分辨率为 0.01Hz，则上一挡频率为

$$f_x=25+0.01=25.01（Hz）$$

下一挡频率为

$$f_x=25-0.01=24.99（Hz）$$

对于数字控制的变频器，即使频率指令为模拟信号，输出频率也是有级给定。这个级差的最小单位名称为频率分辨率。变频器的分辨率越小越好，通常取值为 0.01～0.5Hz。例如，分辨率为 0.5Hz，那么 23Hz 的上一挡频率应 23.5Hz，因此电动机的动作也是有级的跟随。在某些场合，级差的大小对被控对象影响较大。例如，造纸厂的纸张连续卷取控制，如果分辨率为 0.5Hz，4 极电动机 1 个级差对应电动机的转速差就高达 15r/min，结果使纸张卷取时张力不匀，容易造成纸张卷取断头现象；如果分辨率为 0.01Hz，4 极电动机 1 个级差对应电动机的转速差仅为 0.31r/min，显然这样极小的转速差不会影响工艺要求。

1.4 变频器产品简介

变频器的生产厂家很多，究竟选用什么品牌的变频器应根据用户的具体要求、变频器的性能与价格、商家的售后服务等因素决定。

1. 西门子 MM 420 系列变频器简介

MM 420 是用于控制三相交流电动机速度的变频器系列，其外形如图 1-1 所示。变频器由微处理器控制，并采用具有现代先进技术水平的绝缘栅双极型晶体管（IGBT）作为功率输出器件。因此，它们具有很高的运行可靠性和功能的多样性。其脉冲宽度调制的开关频率是可选的，因而降低了电动机运行的噪声。全面而完善的保护功能为变频器和电动机提供了良好的保护。

MM 420 系列变频器既可用于单机驱动系统，也可集成到"自动化系统"中。MM 420 系列变频器有多种模块可选件供用户选用：用于与 PC 通信的通信模块、基本操作面板（BOP）、高级操作面板（AOP）、用于进行现场总线通信的 PROFIBUS 通信模块。

2. 三菱 FR 系列变频器简介

三菱公司是一家研发、生产变频器较早的企业，三菱 FR 系列变频器是进入中国市场最早的变频器产品之一，其产品规格齐全、使用简单、调试容易、可靠性高。三菱变频器中使用最广的是 FR-500 和 FR-700 两大系列，FR-500 系列是 20 世纪末期推出的产品，有较大的市场占有率；FR-700 系列是用于替代 FR-500 系列的新产品，两者在功能、参数、连接、调试等方面极其类似。

FR-700 系列与 FR-500 系列相比，扩大了调速范围，提高了普通型和节能型变频器的最大输出频率和过载能力，加快了动态响应速度，缩小了变频器体积，增强了网络功能等。在采用闭环矢量控制、配套专用电动机后，FR-740 系列变频器的整体性能已经接近于交流伺服驱动器。

1.5　变频器选型

1. 变频器类型的选择

变频器有许多种类型，主要根据负载的要求进行选择。

（1）流体类负载

各种风机、水泵和油泵都属于典型的流体类负载，负载转矩与速度的二次方成正比。选型时通常以价格低为主要原则，选择普通功能型变频器，只要变频器的容量与适用电动机的功率相等即可。目前，已有为此类负载配套的专用变频器可供选用。

（2）恒转矩负载

如挤压机、搅拌机、传送带、厂内运输电车、起重机的平移机构和启动机构等都属于恒转矩负载，其负载转矩与转速无关。为了实现恒转矩调速，常采用具有转矩控制功能的高功能型变频器。

对不均性负载（其特性是：负载有时轻，有时重），应按照重负载的情况来选择变频器容量，例如轧钢机械、粉碎机械、搅拌机等。

对于大惯性负载，如离心机、冲床、水泥厂的旋转窑等，应该选用容量稍大的变频器来加快启动，避免振荡，并须配有制动单元以消除回馈电能。

（3）恒功率负载

恒功率负载的特点是需求转矩与转速大体成反比，但其乘积（即功率）却近似保持不变。如机床的主轴和轧机、造纸机、薄膜生产线中的卷取机和开卷机等。

选择时尽量缩小恒功率范围（以满足生产工艺为前提），以减小电动机和变频器的容量，降低成本。当电动机的恒转矩和恒功率调速的范围与负载的恒转矩和恒功率范围相一致，即所谓"匹配"，电动机的功率和变频器的容量均最小。

2. 变频器品牌型号的选择

变频器是变频调速系统的核心设备，它的质量品质对于系统的可靠性影响很大。选择品牌时，质量品质，尤其是与可靠性相关的质量品质，显然是重点要考虑的方面。

品牌选择依据：产品的平均无故障时间、经验和口碑。

型号选择依据：由已经确定的变频调速方案、负载类型以及应用所需要的一些附加功能决定。

两者关系：确定型号时的选择原则有时候也会影响品牌的选择，如果应用所需要的功能或者控制方式在某品牌的各型号变频器上都不具备时，则应该考虑更换品牌。

3. 变频器规格的选择

（1）按照标称功率选择

一般而言，按照标称功率选择变频器只适合作为初步投资估算的依据，在不清楚电动机额定电流时使用。

对于恒转矩负载，可以放大一级估算。例如，90kW 电动机可以选择 110kV·A 变频器。

在按照过载能力选择时,可以放大一倍来估算。例如,90kW 电动机可选择 185kV·A 变频器。

对于流体类负载,一般可以直接将标称功率作为最终选择依据,并且不必放大。例如,75kW 风机电动机可以选择 75kV·A 的变频器。

(2)按照电动机额定电流选择

对于多数的恒转矩负载新设计的项目,可以按照公式 $I_{evf} \geq K_1 I_{ed}$ 选择变频器规格。式中,I_{evf} 为变频器额定电流;I_{ed} 为电动机额定电流;K_1 为电流裕量系数,可取 1.05~1.15,一般情况下取最小值,以电动机持续负载率不超过 80% 来确定。启动、停止频繁的系统应该考虑取最大值。

(3)按照电动机实际运行电流选择

这种方式适用于改造工程,对于原来电动机已经处于"大马拉小车"的情况,可以选择功率比较合适的变频器以节省投资。可以按照公式 $I_{evf} \geq K_2 I_d$ 选择变频器规格。式中,K_2 为电流裕量系数,可取 1.1~1.2,在频繁启停时应该取最大值;I_d 为电动机实际运行电流,指的是稳态运行电流,对电动机运行电流进行实际测量时应该针对不同工况做多次测量,取其中最大值。

(4)按照转矩过载能力选择

变频器的电流过载能力通常比电动机转矩过载能力低,因此,按照常规配备变频器时电动机转矩过载能力不能充分发挥作用。

采用变频器对异步电动机进行调速时,在异步电动机确定后,通常根据异步电动机的额定电流来选择变频器,或者根据异步电动机实际运行电流(最大值)选择变频器。

单元实训

1. 实训器材

在亚龙 YL158-GA 现代电气控制系统实训考核装备(以下简称 YL158-GA)或亚龙 YL-335B 自动化生产线实训考核装备(以下简称 YL-335B)中选用西门子 MM420 系列变频器或三菱 FR-E740 系列变频器;在三向 815Q 机电一体化设备(以下简称 815Q)中选用型号为 FR-D720S-0.4K 的三菱变频器,或用其他设备。本书以 YL158-GA 为例选用以下器材。

(1)西门子 MM420 系列变频器,型号为 6SE6420-2UD17-5AA1,或型号为 FR-E740-0.75K-CHT 的三菱变频器,每组 1 台。

(2)对称三相交流电源,线电压为 380V,每组 1 组。

(3)电工常用工具,每组 1 套。

2. 实训内容

(1)识别变频器铭牌

操作步骤:安装在 YL-158GA 上的变频器的铭牌不方便查看,可先用手机拍照再观察。

操作要求:MM420 系列变频器铭牌如图 1-5 所示,三菱 FR-E740 系列变频器铭牌如图 1-4 所示。观察铭牌,记录信息,包括品牌型号、出厂编号、容量、基频、输入电压的变化范围、输入电源相数、输出电流、频率调节范围等,填写表 1-3。

表 1-3　变频器铭牌记录表

品牌及系列号	型号	容量	输入电压	输入频率
输入电源相数	输入电流	输出电压	输出频率范围	输出电流

（2）识别变频器整体结构

操作步骤：观察变频器的整体结构，画出外形结构图，并对重点部位用文字进行标注。

1. 素质培养

在移动变频器时，一定要轻拿轻放，不要使变频器跌落或受到强烈冲击，以防塑料面板碎裂。在搬运变频器时，不要握住前盖板或设定用的旋钮，这样会造成变频器掉落或故障。

对于一个初学者而言，如何学习和掌握变频器相关知识是一个有难度的问题。在学习中除了要掌握一定的基础知识，还要有理论学习后的实践操作。在理论方面，要多看变频器方面的书籍，了解变频器的工作原理、参数含义及控制方式，要知道《使用手册》的大概内容是什么。在实践方面，要多了解与变频器相关的资讯，多参与变频器项目的实践，结合实践的特殊要求多动手操作，并注重现场经验的积累。有条件的话，可以参加一些变频器、PLC培训机构组织的学习，通过有针对性的培训，使自己的综合实践能力在短期内得到快速提升。另外，上网浏览或直接参与工控方面的论坛也是快速学习的一个好途径。

2. 解答工程实际问题

（1）工程问题一：西门子 MM 420 系列和三菱 FR-E700 系列变频器没有采用全封闭式防护结构，这是为什么呢？针对这种结构，在确定变频器使用场所时应注意什么问题？

解答：这两种变频器采用的是半开启式防护结构，这种结构的好处是有利于变频器的散热、方便接线操作和观察变频器的内部情况。但这种结构也存在一些问题，例如，在环境温度变化较大时，变频器内部易出现结露现象，使其绝缘性能降低，甚至可能引发短路事故。在有腐蚀性气体场合时，如果腐蚀性气体浓度大，不仅会腐蚀元器件的引线、电路板等，而且还会加速塑料器件的老化，降低绝缘性能。所以，应该安装在干燥、温差变化小、无腐蚀性气体、无可燃性气体、无强磁干扰的场所。

（2）工程问题二：变频器的寿命及维护有什么特点？

解答：变频器的寿命长短由其自身品牌品质、技术含量、使用条件和维修保养等因素综合决定。变频器虽为静止装置，但也有滤波电容器、冷却风扇那样的耗能器件，如果能对它们进行定期维护，变频器的使用寿命可达 10 年以上。除此之外，变频器的品牌、使用者的爱护程度、工作周围的环境、温升以及变频器的生产商等因素也很关键。

单元2 变频器的安装操作

本单元教学课件

以安装变频器为教学内容，通过对变频器外部接口和内部电路原理的学习，使学生认识变频器的接线端子，了解变频器的原理，掌握变频器的安装要求和安装操作。

1. 知识目标

（1）了解变频器的内部结构，掌握变频器的拆装要求。

（2）了解变频器的外部接口，熟悉变频器的接线端子。

（3）了解变频器的工作原理。

2. 技能目标

（1）能识别变频器的接线端子。

（2）能对变频器进行拆装。

（3）能完成变频器的主电路和控制电路电气接线。

西门子 MM420 系列变频器的外部接口如图 1-2 所示，三菱 FR-E740 系列变频器的外部接口如图 1-4 所示，它们主要由主电路端子、控制电路端子和通信接口组成。

2.1 主电路

西门子 MM420 系列变频器的主电路端子如图 2-1 所示，三菱 FR-E740 系列变频器的主电路端子如图 2-2 所示。变频器的输入端接入频率固定的三相交流电，输出端（U、V、W）输出频率在一定范围内可调的三相交流电，接至电动机。

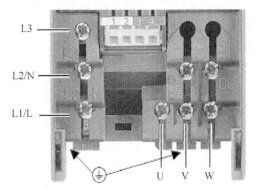

图 2-1　西门子 MM420 系列变频器的主电路端子

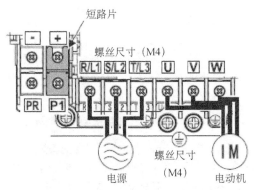

图 2-2　三菱 FR-E740 系列变频器的主电路端子

西门子 MM420 系列变频器的风扇为卡口安装，可以方便拆装，用一字螺丝刀撬一下，把风扇从变频器侧面拆下来，可以看到内部电路板，如图 2-3 所示，由 3 块电路板构成。三菱 FR-E740 系列变频器内部主要由 2 块电路板构成，如图 2-4 所示为 CPU 主板。

图 2-3　MM420 系列变频器内部电路实物图　　　图 2-4　三菱 FR-E740 系列变频器 CPU 主板

变频器的内部结构相当复杂，除了由整流、滤波、逆变组成的主电路外，还有以微处理器为核心的运算、检测、保护、驱动等控制电路。但对大多数用户来说，只是把变频器作为一种电气设备的整体来使用，因此，可以不必探究其内部电路的深奥原理，但对变频器有个基本了解还是必要的。电压型变频器主电路原理图如图 2-5 所示。

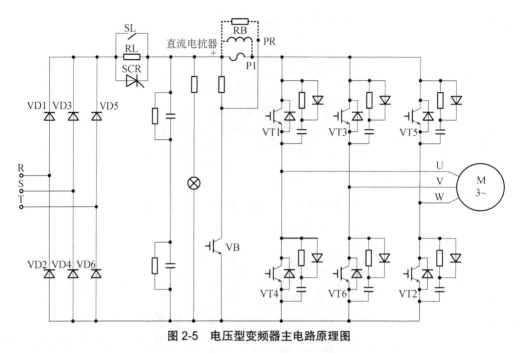

图 2-5　电压型变频器主电路原理图

由图 2-5 可以看出，交—直—交变频器（通用变频器主要采用交—直—交变频，也有交—交直接变频）主电路实际上是整流电路和逆变电路的组合。整流电路将工频交流电整流，经不同方式的储能元件滤波后得到稳定的直流电，逆变电路根据不同的控制方式逆变产生频率和电压可变的交流电。

1. 整流电路

电网侧整流电路的作用是把三相（也可以是单相）交流电整流成直流电。整流电路按使用的器件不同分为不可控整流电路和可控整流电路。不可控整流电路使用的元件为功率二极管，控制简单，成本也较低；可控整流电路可采用晶闸管整流器等。

2. 中间电路（中间直流环节）

变频器的中间电路有滤波电路和制动电路等。

（1）滤波电路

虽然利用整流电路可以从电网的交流电源得到直流电压和直流电流，但是这种电压和电流含有频率为电源频率 6 倍的纹波，则逆变后的交流电压、电流也产生纹波。因此，必须对整流电路的输出进行滤波，以减少电压或电流的波动。这种电路称为滤波电路。

①电容滤波。

通常，用大容量电容对整流电路输出电压进行滤波。由于电容量比较大，一般采用电解电容。二极管整流器在电源接通时，电容中将流过较大的充电电流（亦称浪涌电流），有可能烧坏二极管，必须采取相应抑制浪涌电流的措施。

采用大容量电容滤波后再送给逆变器，这样可使加于负载上的电压值不受负载变动的影响，基本保持恒定。该变频电源类似于电压源，因而称为电压型变频器。电压型变频器逆变电压的波形为方波，而电流的波形经电动机负载滤波后接近于正弦波。

西门子 MM420 变频器和三菱 FR-E740 变频器均采用电容滤波。

②电感滤波。

采用串联大容量电感对整流电路输出电流进行滤波，无功功率将由该电感来缓冲，称为电感滤波。由于经电感滤波后加于逆变器的电流值稳定不变，所以输出电流基本不受负载的影响，电源外特性类似电流源，因而称为电流型变频器。电流型变频器逆变电流的波形为方波，而电压的波形经电动机负载滤波后接近于正弦波。

电流型变频器的一个较突出的优点是，当电动机处于再生发电状态时，回馈到直流侧的再生电能可以方便地回馈到交流电网，不需要在主电路内附加任何设备。电流型变频器常用于频繁急加减速的大功率电动机的控制，在大容量风机、泵类节能调速中也有应用。

（2）制动电路

变频调速系统中通过降低变频器的输出频率实现减速及停车。在降速瞬间，电动机的同步转速随之下降，但转子转速由于机械惯性并未马上下降。当同步转速小于转子速度时，电动机电流的相位改变 180°，电动机从电动状态变为发电状态。与此同时，电动机轴上的转矩变为制动转矩，电动机的转速迅速下降，处于再生制动状态。再生制动形成的电流被电容器吸收，形成电容器侧"泵升电压"，使直流母线电压升高，对变频器形成危害。

异步电动机在再生制动区域（第二象限）运行时，再生能量首先存储于储能电容器中，使直流电压升高。一般来说，由机械系统（含电动机）惯量所积蓄的能量比电容器能存储的能量大，中、大功率系统需要快速制动时，必须用可逆变流器把再生能量反馈到电网侧，这样节能效果更好；或设置制动单元（开关管和电阻），把多余的再生能量消耗掉，以免直流回路电压的上升超过极限值。当制动较快时，电容器电压升得过高，装置中的"制动过电压保护"将动作，以保护变频装置的安全。在工业变频器中，基于再生能量的制动方式有三种。

①能耗制动。由并联在直流回路上的其他传动系统吸收或由直流回路中人为设置的与电容器并联的"制动电阻"耗散，内接或外接制动电阻的位置如图 2-5 所示，电路如图 2-6 所示。

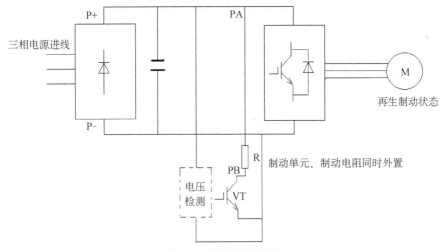

图 2-6 能耗制动电路

电压检测装置用于检测电容器两端的电压（直流母线电压）。当检测到该电压高于某一值时（有些变频器，如施耐德 ATV71 可以设定这一电压），制动功率管 VT 饱和导通，直流电压通过制动电阻放电，使直流母线电压下降。

制动电阻目前有两种形式，一是波纹电阻，二是铝合金电阻。阻值有一定范围，太大功率就小，制动不迅速，太小又容易烧毁开关元件。有的小型变频器的制动电阻内置在变频器中，但在高频率制动或重力负载制动时，内置制动电阻的散热不理想，容易烧毁，因此要改用大功率的外接制动电阻。选用制动电阻时，要选择低电感结构的电阻器，连线要短，并使用双绞线。

②直流制动。异步电动机定子通直流电，制动时，转子切割固定磁场产生与转速方向相反的力矩，即制动力矩，实现电动机的制动。这种制动可以用于要求准确停车的情况或启动前制止电动机由外界因素引起不规则旋转（如引风风机负载叶片的旋转）的情况，此制动方式不能频繁使用。

③回馈制动。通过回馈单元把回馈到中间直流回路的制动能量送到电网。回馈制动的最大优点是节能效果好，能连续长时间制动，但控制复杂、成本高，只有电网稳定、不易发生故障的场合才采用。这种方式在高性能的变频器控制系统中已经得到广泛应用。

前两种工作状态称为动力制动状态；第三种工作状态称为回馈制动状态（又称再生制动状态）。应该注意，这是从整个系统角度视再生电能是否能回馈到交流电网而定义的两大类工作状态。在这两类状态下，异步电动机自身均处于再生发电制动状态。

3. 逆变电路

逆变电路也称为逆变器，负载侧的变流器为逆变器，最常见的结构形式是利用 6 个半导体主开关器件组成的三相桥式逆变电路。逆变电路中，有规律地控制逆变器中主开关器件的通与断，可以得到任意频率的三相交流电。以图 2-7 为例说明其工作原理，电路中输入直流电压 E，逆变器的负载是电阻 R。当将开关 S_1、S_4 闭合，S_2、S_3 断开时，电阻上得到左正右负的电压；间隔一段时间后将开关 S_1、S_4 打开，S_2、S_3 闭合，电阻上得到右正左负的电压。

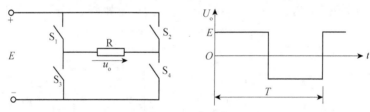

图 2-7　逆变器工作原理

以频率 f 交替地切换 S_1、S_4 和 S_2、S_3，在电阻上就可以得到所需的电压波形。实际应用中最常见的逆变电路的结构形式是利用 6 个功率开关器件（GTR、IGBT、GTO 等，现在多用绝缘栅双极型晶体管 IGBT）组成的三相桥式逆变电路，有规律地控制逆变器中功率开关器件的导通与关断，可以得到任意频率的三相交流输出。

为使逆变器输出电压波形趋于正弦波，常采用 SPWM（Sinusoidal Pulse Width Modulation）方式，变频器中常用全数字控制方式实现 SPWM。

2.2　控制电路

控制电路原理图如图 2-8 所示，西门子 MM420 系列和三菱 FR-E740 系列变频器的方框图分别如图 2-9 和图 2-10 所示。

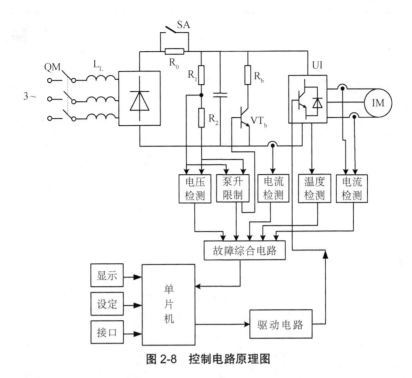

图 2-8 控制电路原理图

目前使用的异步电动机变频调速系统主要有 4 种类型，即恒压频比控制的调速系统、转差频率控制的调速系统、矢量控制的调速系统、直接转矩控制的调速系统。本节仅介绍西门子 MM 420 系列变频器和三菱 FR-E740 系列变频器均采用的恒压频比控制的调速系统。

恒压频比控制（U/f 控制）是使变频器的输出在改变频率的同时也改变电压，通常是使 U/f 为常数，这样可使电动机磁通保持一定，在较宽的调速范围内，使电动机的转矩、效率、功率因数不下降，使电动机保持恒定的最大转矩。实际实现中，考虑电动机的固有损耗，往往采用进一步的措施以提高电动机的低频转矩。U/f 控制方式的控制思路清晰，实现成本较低，为各种通用型变频器所普遍采用，但采用该控制方式的变频器未能充分考虑负载的影响，所以只应用于对精度要求不高的场合。

在额定转速以下调速时，希望保持电动机中每极磁通量为额定值。如果磁通下降，则异步电动机的电磁转矩 T_e 将减小。这样，在基速以下时，无疑会失去调速系统的恒转矩机械特性。另外，随着电动机的最大转矩的下降，有可能造成电动机堵转。反之，如果磁通上升，又会使电动机磁路饱和，励磁电流将迅速上升，导致电动机铁损大量增加，造成电动机铁芯严重过热，不仅会使电动机输出效益大大降低，而且由于电动机过热，造成电动机绕组绝缘降低，严重时，有烧毁电动机的危险。因此，在调速过程中不仅要改变定子供电频率 f_s，而且还要保持（控制）磁通恒定。

根据保持（控制）磁通恒定的方法不同，产生了恒压频比控制方式和转差频率控制方式，下面介绍 U/f 控制方式的理论基础。

从电动机转速公式可以看出，只要改变定子电压的频率 f_1 就可以调节转速 n 的大小了，但是事实上只改变 f_1 并不能正常调速，为什么呢？

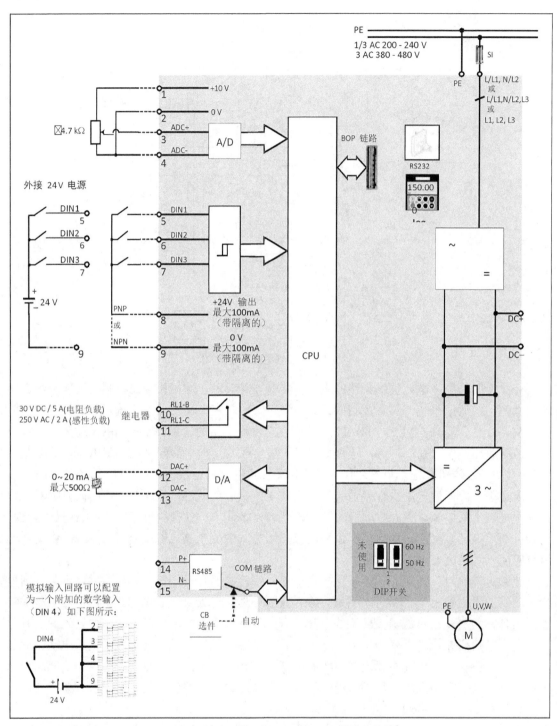

图 2-9　西门子 MM 420 系列变频器方框图

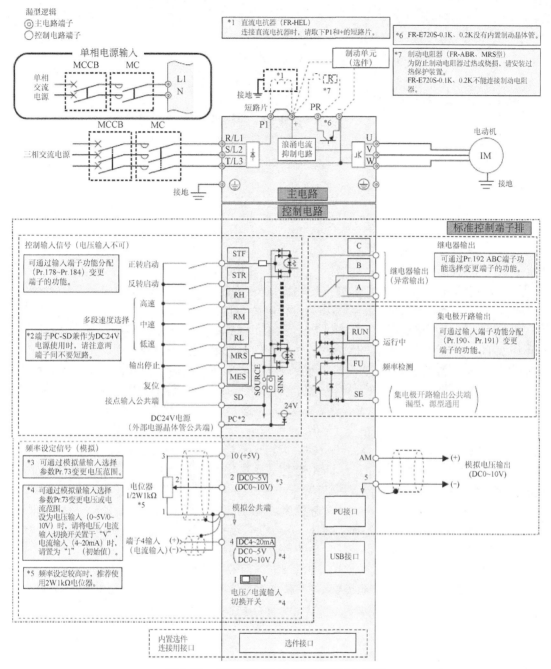

图 2-10 三菱 FR-E740 系列变频器方框图

由电动机学可知

$$E_g = 4.44 f_1 N_1 K_{N1} \Phi_m \qquad (2-1)$$

$$T_e = C_m \Phi_m I'_2 \cos \Phi_2 \qquad (2-2)$$

式中，E_g——气隙磁通在每相中感应电动势有效值（V）；

N_1——定子每相绕组串联匝数；

K_{N1}——基波绕组数；

Φ_m——每极气隙主磁通量（Wb）；

T_e——电磁转矩（N）；

C_m——转矩常数；

I'_2——转子电流折算到定子侧的有效值（A）；

$\cos\Phi_2$——转子电路的功率因数。

如忽略定子上的内阻压降，则有

$$U_1 \approx E_g = 4.44 f_1 N_1 K_{n1} \Phi_m \tag{2-3}$$

式中，U_1——定子相电压。

于是，主磁通为

$$\Phi_m = \frac{E_g}{4.44 f_1 N_1 K_{N1}} \approx \frac{U_1}{4.44 f_1 N_1 K_{N1}} \tag{2-4}$$

假设保持 U_1 不变，只改变 f_1 调速。由公式（2-4），对于确定的电动机 N_1 和 K_{N1} 为常数，倘若调节 $f_1\uparrow$，则 $\Phi_m\downarrow$，由公式（2-2）C_m 为常数，$T_e\downarrow$，这样电动机的拖动能力会降低，对恒转矩负载，会导致转子电流 I'_2 增大，定子电流随之增大，一方面绕组过热，另一方面会因拖不动而堵转；倘若调节 $f_1\downarrow$，则 $\Phi_m\uparrow$，这样会引起主磁通饱和，励磁电流急剧升高，会使定子铁芯损耗急剧增加。这两种情况都是实际运行中所不允许的。

由上可知，只改变频率 f_1 实际上并不能正常调速。在调节定子供电频率 f_1 的同时，调节定子供电电压 U_1 的大小，通过 U_1 和 f_1 的配合实现不同类型的调频调速。在基准频率（详见单元 3，一般 50Hz）以下常采用恒磁通变频控制方式，当频率 f_1 从基准频率向下调节时，须同时降低 E_g，使 E_g/f_1=常数，保持 Φ_m 不变，即：气隙磁通感应电势与频率之比为常数。因感应电势难以直接控制，忽略定子压降，认为定子相电压 $U_1 \approx E_g$，则 U_1/f_1=常数，这就是恒压频比的变频控制方式。

恒压频比控制在低频时，由于 U_1 和 E_g 都较小，定子阻抗压降所占的份量比较显著，不能忽略，同时，会引起机械特性曲线中的最大转矩下降。这时，可人为地把电压 U_1 升高，提高 U/f 比，以便近似地补偿定子压降和转矩。但并不是 U/f 比取大些就好，补偿过分，电动机铁芯饱和厉害，励磁电流 I_0 的峰值增大，严重时可能会引起变频器因过电流而跳闸。

恒压频比控制的异步电动机变压变频调速系统是一种比较简单的控制系统。按控制理论的观点进行分类时，$U/f=C$ 控制属于转速（频率）开环控制系统，这种系统虽然在转速控制方面不能给出满意的控制性能，但是这种系统有着很高的性能价格比。因此，在以节能为目的的各种用途中和对转速精度要求不高的各种场合下得到了广泛的应用。同时还需要指出，恒压频比控制系统是最基本的变压变频调速系统，性能更好的系统都是建立在这种系统的基础之上。为了方便用户选择 U/f 值，变频器通常都是以 U/f 控制曲线的方式提供给用户选择的。

2.3 外围电路

变频器的运行离不开外围设备，要根据实际需要选择与变频器配合工作的各种外围设备。正确选择变频器的外围设备主要有以下几个目的：

①保证变频器驱动系统的正常工作；

②提高对电动机和变频器的保护；

③减小对其他设备的影响。

如图 2-11 和图 2-12 所示分别为西门子和三菱变频器与电源、电动机的实际连接，在实际应用中，图中所示的电器并不一定全部都要连接，有的电器通常是选购件，有时还须增加断路器。

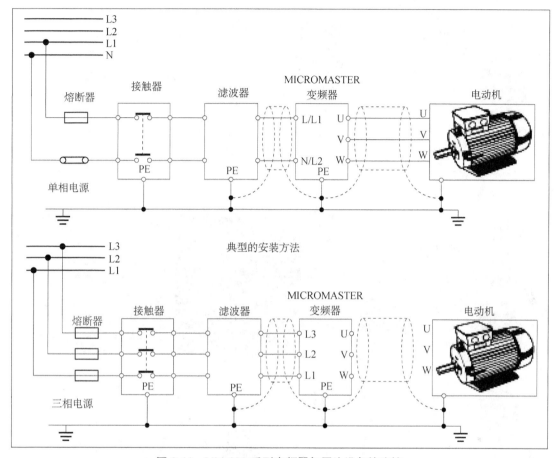

图 2-11 MM 420 系列变频器与周边设备的连接

1. 断路器

断路器的功能主要是用于电源的通断，在出现过电流或短路事故时自动切断电源，防止发生过载或短路时大电流而烧毁设备的现象；在检修用电设备时，起隔离电源的作用。新型断路器都具有过电流保护功能，选用时要充分考虑电路中是否有正常过电流，以防止过电流保护功能的误动作。

在断路器单独为变频器配电的主电路中，属于正常过电流的情况有以下几种：

①变频器在刚接通电源的瞬间，对电容器的充电电流可高达额定电流的 2~3 倍。

②变频器的进线电流是脉冲电流，其峰值经常超过额定电流。

③一般通用变频器允许的过载能力为额定电流的 150%，持续运行 1min。

因此，为了避免误动作，断路器的额定电流 I_{QN} 一般按下面公式估算：

$$I_{QN} \geqslant (1.3 \sim 1.4) I_N \qquad (2-5)$$

式中，I_N——变频器的额定电流。

在电动机要求实现工频和变频的切换控制电路中，因为电动机有可能在工频下运行，故应按电动机在工频下的启动电流来进行选择，即

$$I_{QN} \geqslant 2.5 I_{MN} \qquad (2\text{-}6)$$

式中，I_{MN}——电动机的额定电流。

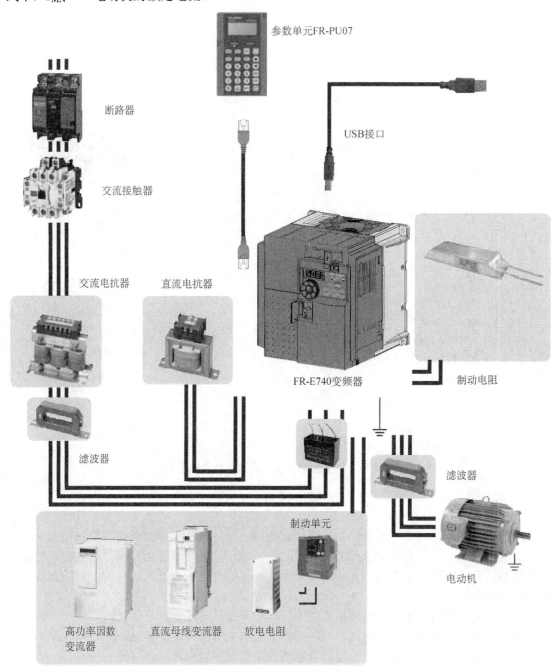

参数单元FR-PU07

USB接口

断路器

交流接触器

交流电抗器   直流电抗器

滤波器

FR-E740变频器

制动电阻

制动单元

滤波器

电动机

高功率因数
变流器

直流母线变流器

放电电阻

图 2-12   三菱 FR-E740 系列变频器和周边设备的连接

2. 接触器

（1）接触器的主要功能
接触器的主要功能如下：

①可通过按钮开关等方便地控制变频器的通电与断电。

②变频器发生故障时，可自动切断电源。

（2）接触器的选用

根据接触器所连接位置的不同，其型号的选择也不尽相同。

①变频器输入侧接触器。

由于接触器自身并无保护功能，不存在误动作的问题，因此选择的原则是：主触点的额定电流 I_{KM1} 只需大于或等于变频器的额定电流，即

$$I_{KM1} \geqslant I_N \tag{2-7}$$

②变频器输出侧接触器。

在变频/工频切换的控制电路中，需要在变频器的输出侧连接接触器。因为变频器的输出电流并不是标准的正弦交流电，含有较强的高次谐波，其有效值略大于工频运行时的有效值，故主触点的额定电流 I_{KM2} 大于 1.1 倍的额定电流，即满足：

$$I_{KM2} \geqslant 1.1 I_N \tag{2-8}$$

3. 电抗器

（1）电源输入侧交流电抗器

接在电网电源与变频器输入端之间的输入交流电抗器，其主要作用是抑制变频器输入电流的高次谐波，明显改善功率因数和实现变频器驱动系统与电源之间的匹配。输入交流电抗器为选购件，在以下情况下可考虑接入交流电抗器：

①变频器所用之处的电源容量与变频器容量之比为 10∶1 以上。

②同一电源上接有晶闸管变流器负载或在电源端带有开关控制调整功率因数的电容器。

③三相电源的电压不平衡度较大（≥3%）。

④变频器的输入电流中含有许多高次谐波成分，这些高次谐波电流都是无功电流，使变频调速系统的功率因数降到 0.75 以下。

⑤变频器的功率大于 30kW。

接入的交流电抗器应满足以下要求：

①电抗器自身分布电容小。

②自身的谐振点要避开抑制频率范围。

③保证工频压降在 2% 以下，功率要小。

交流电抗器的型号规定：ALC-□，其中，□为所用变频器的容量，如 132kV·A 的变频器应该选择 ALC-132 型电抗器。

（2）变频器输出侧交流电抗器

接在变频器输出端和电动机之间的输出交流电抗器，其主要作用是为了降低变频器输出中存在的谐波产生的不良影响，包括以下两方面内容。

①降低电动机噪声。利用变频器进行调节控制时，由于谐波的影响，电动机产生的电磁噪声和金属音噪声将大于采用电网电源直接驱动的电动机噪声。通过接入电抗器，可以将噪声由 70～80dB 降低 5dB 左右。

②降低输出谐波的不良影响。当负载电动机的阻抗比标准电动机小时，随着电动机电流

的增加有可能出现过电流、变频器限流动作，以至于出现得不到足够大转矩、效率降低及电动机过热等异常现象。当这些现象出现时，应该选用输出交流电抗器使变频器的输出平滑，以减小输出谐波产生的不良影响。

输出交流电抗器是选购件，当变频器干扰严重或电动机振动时可考虑接入。通常，以下两种情况要使用输出交流电抗器。

①当变频器和电动机的距离较远（通常大于30m）时，线路的分布电容和分布电感随着导线的延长而增大，而线路的振荡频率会减小。当线路的振荡频率接近于变频器的输出电压载波频率时，电动机的电压将可能因进入谐振带而升高，过高的电压可能击穿电动机的绕组。因此，要接入输出交流电抗器。

②当电动机的功率大于变频器的容量时要接入输出交流电抗器。

（3）直流电抗器

直流电抗器接在整流桥和滤波电容之间，由于其体积较小，因此许多变频器已将直流电抗器直接装在变频器内。直流电抗器用于改善电容滤波造成的输入电流畸变、改善功率因数、减少及防止因冲击电流造成的整流桥损坏和电容过热。当电源变压器和输入电线综合内阻较小时（变压器容量大于电动机10倍以上时），电网变频器频繁动作时都需要使用直流电抗器。直流电抗器可将功率因数提高至 0.9 以上，直流电抗器除了提高功率因数外，还可削弱在电源刚接通瞬间的冲击电流。如果同时配用交流电抗器和直流电抗器，则可将变频调速系统的功率因数提高至 0.95 以上。

4. 滤波器

变频器的输入和输出电流中都含有很多高次谐波，这些高次谐波除了增加输入侧的无功功率、降低功率因数（主要是频率较低的谐波电流）外，频率较高的谐波电流以各种方式把自己的能量传播出去，形成对其他设备的干扰，严重的甚至还可能使某些设备无法正常工作。

滤波器就是用来削弱这些高频率谐波电流的，以防止变频器对其他设备造成干扰。滤波器主要由滤波电抗器和电容组成。应注意的是，变频器输出侧的滤波器中，电容器只能接在电动机侧，且应串入电阻，以防止逆变器因电容的充、放电而受冲击。

滤波电抗器由各相的连接线在同一个磁芯上按相同方向绕4圈（输入侧）或3圈（输出侧）构成。需要说明的是，三相的连接线必须按相同方向绕在同一个磁芯上，从而其基波电流的合成磁场为0，因而对基波电流没有影响。

对防止无线电干扰要求较高及要求符合 CE、UL、CSA 标准的使用场合，或变频器周围有抗干扰能力不足的设备等情况下，均应使用滤波器。安装时注意接线尽量缩短，滤波器应尽量靠近变频器。

5. 快速熔断器

（1）快速熔断器的作用

快速熔断器在主电路中的作用是当电路中有短路电流（8～10倍及以上的额定电流）时，熔断器起短路保护作用。快速熔断器的优点是熔断速度比低压断路器的脱扣速度快。熔断器的缺点是可能造成主电路缺相。

（2）快速熔断器的选用

快速熔断器的熔断电流 I_{FN} 一般用如下公式估算：

$$I_{FN} \geq (1.5 \sim 1.6) I_N \tag{2-9}$$

式中，I_N ——变频器额定电流。

2.4　变频器的安装

（1）安装环境

①环境温度：变频器运行环境温度为 $-10 \sim 40℃$，避免阳光直射。

②环境湿度：变频器运行环境的相对湿度不超过 90%（无结露）为宜。

③振动和冲击：机械振动和冲击会引起电气接触不良。可采用的避免措施有提高控制柜的机械强度，远离振动源和冲击源，使用抗振橡皮垫固定控制柜，定期检查和维护。安装场所的周围振动加速度应小于 $0.6g$（$g = 9.8m/s^2$）。

④电气环境：控制线应有屏蔽措施，母线与动力线要保持不小于 100mm 的距离，产生电磁干扰的装置与变频器之间应采取隔离措施。

⑤其他条件：变频器应安装在不受阳光直射、无灰尘、无腐蚀性气体、无可燃气体、无油污、无蒸汽和滴水等环境中；变频器应用的海拔高度应低于 1000m。

（2）安装方式

①墙挂式安装。

用螺栓垂直安装在坚固的物体上，不应平装或上下颠倒。因变频器在运行过程中会产生热量，必须保持冷风通畅，周围要留有一定的空间。

②柜式安装。

控制柜中安装是目前最好的安装方式，可以起到很好的屏蔽作用，同时也能防尘、防潮、防光照等。控制柜中安装分为单台变频器安装和多台变频器安装，如图 2-13 和图 2-14 所示。

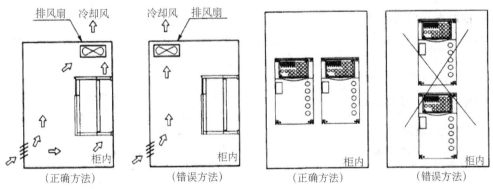

图 2-13　单台变频器安装　　　　图 2-14　多台变频器安装

2.5 变频器接线

1. 主电路接线

1）主电路接线

变频器主电路的基本接线如图 2-12 所示。变频器的输入端和输出端绝对不允许接错，如果将电源进线接到变频器的输出端，无论哪个逆变器导通，都将引起两相间的短路而将逆变器烧坏。三菱 FR-D720S 系列变频器为单相 220V 供电，MM 420 系列变频器也有 220V 供电，如果将 380V 的线电压接入额定电压 220V 的变频器，轻则击穿滤波电容（如三菱 FR-D720S），重则烧坏整流模块。而将 220V 接入额定电压 380V 的变频器，也不能正常工作，如 MM 420 系列变频器不工作，显示报警参数为欠电压。

为了防止触电和减少电磁噪声，在变频器主端子排上设有接地端子。接地端子必须单独可靠接地，接地端子电阻要小于 1Ω，而且接地线应尽量用粗线，接线应尽量短，接地点应尽量靠近变频器。当变频器和其他设备或有多台变频器一起接地时，每台设备都必须分别和地线相接，不允许将一台设备的接地端和另一台设备的接地端相接后再接地。

2）主电路线径选择

（1）电源和变频器之间的导线

和同容量普通电动机的导线选择方法基本相同，考虑到变频器输入侧功率因数往往较低，应本着宜大不宜小的原则。

（2）变频器与电动机之间的导线

决定输出导线线径的主要因素是导线电压降 ΔU，计算公式为

$$\Delta U = \frac{\sqrt{3}I_{N}R_{0}L}{1000} \tag{2-10}$$

式中，I_N——电动机额定电流；

R_0——每米导线电阻；

L——导线长度。

3）注意事项

①在变频器与电源线连接之前应先完成电源线的绝缘测试。

②确保与电源电压是匹配的，不允许把变频器连接到电压更高的电源上。

③在接通电源前必须确信变频器的接线端子的盖子已盖好。

④电源和电动机端子的连接时要保证一定的绝缘气隙和漏电距离。

变频器的设计是允许它在具有较强电磁干扰的工业环境下运行的，如果安装的质量良好就可以确保安全和无故障运行。

2. 控制电路接线

避免控制信号线与动力线平行布线或捆扎成束布线；易受影响的外围设备应尽量远离变频器安装；易受影响的信号线尽量远离变频器的输入、输出电缆；当操作台与控制柜不在一处或具有远方控制信号线，要对导线进行屏蔽，并特别注意各连接环节，以避免干扰

信号窜入。

（1）开关量控制线

控制中如启动、停止、多段速控制等的控制线，都是开关量控制线。建议控制电路的连接线采用屏蔽电缆。

（2）模拟量控制线

模拟量控制线主要包括输入侧的频率给定信号线、反馈信号线和输出侧的频率信号线、电流信号线两类。模拟信号的抗干扰能力较低，必须使用屏蔽电缆。

单元实训

当变频器上电时，请不要打开前盖板，否则可能会发生触电事故。在前盖板及配线盖板拆下时，请不要运行变频器，否则可能会接触到高压端子和充电部分而造成触电事故。即使电源处于断开时，除接线检查外，也不要拆下前盖板，否则，由于接触变频器带电回路可能造成触电事故。接线或检查前，请先断开电源，经过十分钟等待以后，务必在观察到充电指示灯熄灭或用万用表等检测剩余电压安全以后再进行。不要用湿手操作开关、碰触底板或拔插电缆，否则可能会发生触电事故。

在 YL158-GA 或 YL-335B 中选用西门子 MM420 系列变频器或三菱 FR-E740 系列变频器，在三向 815Q 机电一体化设备中选用三菱 FR-D720S 变频器，或用其他设备。本书以 YL158-GA 和 YL-335B 为例选用以下器材。

①西门子 MM420 系列变频器，型号为 6SE6420-2UD17-5AA1，或采用型号为 FR-E740-0.75K-CHT 的三菱变频器，每组 1 台。

②380V 三相交流异步电动机，每组 1 台。

③维修电工常用工具，每组 1 套。

④对称三相交流电源，线电压为 380V，每组 1 组。

⑤导线，RV 0.75mm^2，黄色每组 5m，绿色每组 5m，红色每组 5m，双色 RV mm^2，每组 5m。

⑥冷压端子，针型，E 7508，12 个 / 组；U 型，4 个/组。

实训任务 1　变频器的安装与端盖拆装

1. 西门子 MM420 系列变频器

（1）变频器的安装（见图 2-15）

在变频器的底座上开有 2 个定位安装孔，即上下安装孔。用 2 个螺钉就可以将变频器固定在控制柜上，如果有螺钉松动，请用螺丝刀紧固。

对于机壳外形尺寸为 A 型时的 DIN 导轨，把变频器安装到 35mm 的标准导轨上（EN 50022）。

操作步骤 1：用导轨的上闩销把变频器固定到导轨的安装位置上。

图 2-15　变频器的安装

图 2-16　从导轨上拆卸变频器

操作步骤 2：向导轨上按压变频器，直到导轨的下闩销嵌入到位。

（2）从导轨上拆卸变频器（见图 2-16）

操作步骤 1：为了松开变频器的释放机构，将螺丝刀插入释放机构中。

操作步骤 2：向下施加压力，导轨的下闩销就会松开。

操作步骤 3：将变频器从导轨上取下。

（3）前盖板的拆卸与安装（见图 2-17）

操作步骤 1：拆卸前盖板。

操作要求：一边按住前盖板，一边轻轻用力向下拉，即可把前盖板拆下来。

操作步骤 2：安装前盖板。

操作要求：安装的过程与拆卸过程互逆，先挂上安装卡爪，再按住前盖板轻轻向上推。在拆装过程中，特别注意不要碰断安装卡爪，不要用力过猛。

（4）BOP 面板的拆卸与安装（见图 2-17）

向下拉端盖

SDP（BOP/AOP）
释放并拆卸

图 2-17　前盖板和 BOP 面板的拆卸与安装

操作步骤 1：拆卸面板。

操作要求：一边按住面板蓝色锁扣，一边用手抓住面板两侧轻轻用力向外拉，即可把面板拆下来。

操作步骤 2：安装前盖板。

操作要求：安装的过程与拆卸过程互逆，先挂上安装卡爪，再抓住面板两侧轻轻向里推。在拆装过程中，特别注意不要碰断安装卡爪，不要用力过猛。

（5）变频器外部端子的识别

操作步骤：拆卸前盖板。

操作要求：对照手册《MM420 使用手册》和端子旁边印刻的符号，识别每个端子的符号标记；分别画出主、控端子的排列图。

[小知识]：配线盖板设置在控制电路端子排的上方，如图 1-4 所示。它有两个用途，当打开盖板时，控制端子的排列图能够清晰可见，为接线和查线带来了方便；当合上盖板时，盖板紧密贴合在端子排上，又为端子防尘、防水、防护提供了有效保护。

2. 三菱变频器

（1）前盖板的拆装

前盖板的拆装见表 2-1。

表 2-1　前盖板的拆装

7.5K 以下
·拆卸（FR-E740-3.7K-CHT 变频器示例） 将前盖板沿箭头所示方向向前拉，将其卸下。 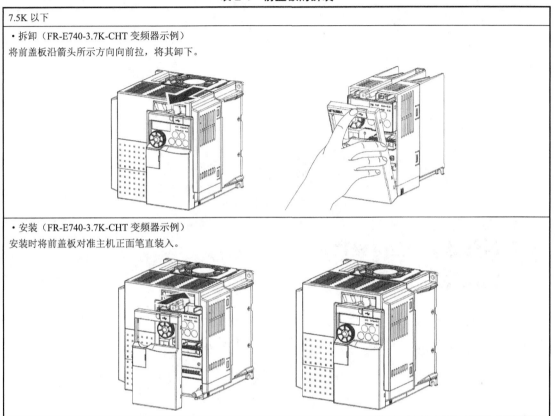
·安装（FR-E740-3.7K-CHT 变频器示例） 安装时将前盖板对准主机正面笔直装入。

（2）配线盖板的拆装

将配线盖板向前拉即可简单卸下，安装时请对准安装导槽将盖板装在主机上，如图 2-18 所示。

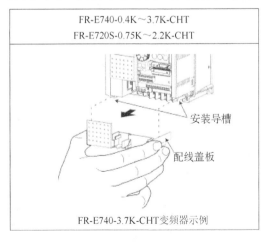

图 2-18　配线盖板的拆装

（3）变频器的安装

变频器在安装柜内安装时取下前盖板和配线盖板后再进行固定，如图 2-19 所示。

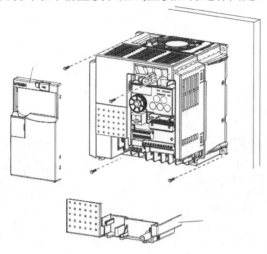

图 2-19　变频器的安装

实训任务 2　主电路接线

1. 实训步骤

①画出变频器主电路接线电气原理图，西门子 MM420 系列变频器主电路简图如图 2-20 所示，三菱 FR-E740 系列变频器主电路简图如图 2-21 所示。

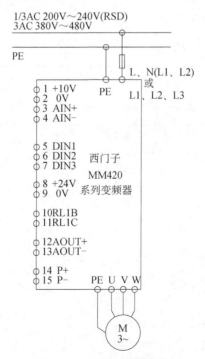

图 2-20　西门子 MM420 系列变频器主电路简图

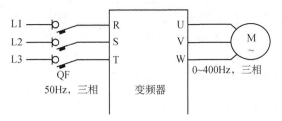

图 2-21　三菱 FR-E740 系列变频器主电路简图

②根据电气接线原理图，打印线号管，套好线号管。用剥线钳剥除导线，用压线钳压好冷压端子。

③打开前端盖，从控制柜门板的 U、V、W 引导线到变频器输入的 L1、L2、L3，变频器的输出端 U、V、W 到电动机，电动机采用三角形接法，完成主电路电气接线。检查无误后，盖好端盖，上电测试。特别注意：变频器的输入和输出不能接反，否则会烧坏变频器的 IGBT。

2. 演示视频

扫描二维码观看操作视频。

MM420 变频器主电路接线

1. 职业素质培养

①在松脱或紧固螺钉时，一定要沿着面板的对角线均匀用力，防止操作单元因受力不均而翘起；螺钉也不要拧得过紧，以防碎裂或滑丝。

②不要在带电情况下进行变频器的拆装，不要使变频器跌落或受到强烈撞击。

③当安装操作面板时，操作单元要先插入卡口，再推入锁住，不可平行插入。

④在变频器与电源线连接之前应先完成电源线的绝缘测试。

⑤在接通电源前必须确信变频器的接线端子盖已盖好，前盖板安装要牢固。

⑥防止螺钉、电缆碎片或其他导电物体或油类等可燃性物体进入变频器。

⑦确保与电源电压是匹配的，不允许将变频器连接到电压更高的电源上。特别注意：变频器的输入和输出不能接反，输入电压的等级要符合铭牌要求，否则可能烧坏变频器。

2. 专业素质培养问题

问题 1：三菱 FR-E740 系列变频器的端子盖板上，变频器主电路接线端子和控制电路接线端子在空间上是分开的，而且主端子的形态要比控制端子稍大，如图 2-1 所示，这是为什么呢？

答案：为了防止接线错误和信号间彼此干扰，MM420 系列变频器主板、端子板常采用分层布置，主电路接线端子板设置在下层，而控制电路接线端子板设置在上层。由于主电路流过配用导线的电流是大电流，所以端子形态相对比较大，端子螺钉尺寸为 M4，拧紧转矩为 1.5N·m，配用的导线线径为 0.75～2mm^2。控制电路流过的是小电流，所以端子形态相对稍小，端子螺钉尺寸为 M3.5，拧紧转矩为 1.2N·m，配用的导线线径为 0.75～1mm^2。

问题2： 三菱 FR-E720S 系列变频器和西门子 MM420 系列变频器的部分机型输入接单相交流电，输出为三相交流电。那么变频器的输出能用来驱动单相电动机吗？

答案： 基本上不能，因为对于调速器开关启动式的单相电动机，在工作点以下的调速范围内将烧毁辅助绕组；对于电容启动或电容运转方式的单相电动机，将诱发电容器爆炸。

3. 案例剖析

案例： 变频器因接线问题"发热"。

问题描述： 莱钢宽厚板厂节能改造（其他公司免费将不调速的水泵电动机的控制柜更换为变频器驱动，收取节约电费的差价）装设一台变频器，在投入使用后，运行时用红外测温枪测量时经常"发热"。

问题处理： 先在变频器旁边放落地扇强迫风冷，效果不好。停电检修，现场检查发现变频器的主电路接线螺栓没拧紧。拧紧后，故障排除。

案例分析： 变频器主电路工作电流较大，接线应牢固，以减小接触电阻；否则接触电阻大，大电流发热。

问题： 与一般电器相比，变频器为什么需要加强散热呢？

现场演示： 由教师执行操作，先将变频器的输出频率调整至 0Hz，然后启动变器运行，要求学生侦听变频器的运行风噪。

讨论结果： 变频器作为一种电能控制装置，其内部有多种功率型的电力电子器件。在变频器上电使用时，变频器的运行极易受到工作温度的影响。通常，变频器的工作温度要求在 0～55℃，最好控制在 40℃以下。实践证明，温度每升高 10℃，变频器的使用寿命将折损一半，而且故障率也会明显上升。因此，提供一个良好的散热条件是变频器能够持续稳定工作的重要保证。MM 420 系列变频器散热问题是这样解决的：一方面它采取了强迫风冷措施；另一方面它采用了金属底座，以此来加强变频器的散热能力。

要点： 变频器的运转指令方式和频率源给定方式是分开的，实训中变频器有启动命令，频率为零，电动机不运转。

4. 变频调速系统的抗干扰措施

逆变输出端子 U、V、W 连接交流电动机时，输出的是与正弦交流电等效的高频脉冲调制波。当外围设备与变频器共用一供电系统时，要在输入端安装噪声滤波器，或将其他设备用隔离变压器或电源滤波器进行噪声隔离。当外围设备与变频器装入同一控制柜中且布线又很接近变频器时，要采取相应措施抑制变频器干扰。

针对干扰信号的不同传播方式，可以采取以下几种相应的抗干扰措施。

（1）合理布线

合理布线能够在相当大的程度上削弱干扰信号的强度，布线时应遵循以下几个原则：

①远离原则。

其他设备的电源线和信号线应尽量远离变频器的输入、输出线。

干扰信号的大小与受干扰控制线和干扰源之间距离的平方成反比。有数据表明，如果受干扰的控制线距离干扰源 30cm，则干扰强度将削弱 1/2～2/3。弱电控制线距离电力电源线至少 100mm 以上，且绝对不可放在同一导线槽内。

②不平行原则。

控制线在空间上应尽量和变频器的输入、输出线交叉，最好是相交时要成直角。

如果控制线和变频器的输入、输出线平行，则两者间的互感较大，分布电容也大，故电磁感应和静电感应的干扰信号更大。

③相绞原则。

控制线应采用屏蔽双绞线，双绞线的绞距应在 15mm 以下。

两根控制线相绞能够有效地抑制差模干扰信号，这是因为，两个相邻绞线中，通过电磁感应产生的干扰电流的方向是相反的。

（2）削弱干扰源

①接入电抗器。

见前文电抗器的相关介绍。

②接入滤波器。

滤波器要串联在变频器的输入和输出电路中，由线圈和电容器组成，主要用于抑制具有辐射能力的高频谐波电流，从而减小噪声。在变频器的输出侧接入滤波器时，要注意其电容器只能接在电动机侧，且应串入电阻，以防止逆变管因电容器的充、放电而受到冲击。

③降低载波频率。

变频器输出侧谐波电流的辐射能力、电磁感应能力和静电感应能力都和载波频率有关，适当降低载波频率，对抑制干扰是有利的。

（3）对线路进行屏蔽

屏蔽的主要作用是吸收和削弱高频电磁场。

①主电路的屏蔽。

主电路的高频谐波电流是干扰其他设备的主体，其电流是几安、几十安甚至几百安级的，高次谐波电流所产生的高频电磁场较强，因此，抗干扰的着眼点是如何削弱高频电磁场。三相高次谐波电流可以分为正序分量、逆序分量和零序分量。其中，正序分量和逆序分量的三相之间都是互差 $\dfrac{2\pi}{3}$ 电角度的，它们的合成磁场等于 0，只有三相零序分量是同相位的，互相叠加，产生强大的电磁场。削弱的方法是采用四芯电缆，第四根电缆线将切割零序电流的磁场而产生感应电动势，并和屏蔽层构成回路而有感应电流。根据楞次定律，该感应电流必将削弱零序电流的磁场，所以主电路的屏蔽层是两端都接地的。

②控制电路的屏蔽。

控制电路是干扰的"受体"，控制电路的屏蔽主要是防止外来干扰信号窜入控制电路，常用的方法是采用屏蔽层。屏蔽层的作用是阻挡主电路的高频电磁场，但它在阻挡高频电磁场的同时，屏蔽层自己也会因切割高频电磁场而受到感应。当一端接地时，因不构成回路而产生不了电流，如果两端接地，则有可能与控制电路构成回路，在控制电路中产生干扰电流。

（4）隔离干扰信号

①电源隔离。

电源隔离是防止干扰信号进行线路传播的最有效方法，有以下两种情形：

· 可在变频器的输入侧加入隔离变压器。

· 对于一些功率较小的受干扰设备，可在受干扰设备前接入隔离变压器，以防止窜入电网的干扰信号进入仪器。

②信号隔离。

信号隔离是设法使已经窜入控制线路的干扰信号不进入仪器，隔离器件常采用光电耦合管。

（5）准确接地

设备接地的主要目的是确保安全，但对于一些具有高频干扰信号的设备来说，也具有把高频干扰信号引入大地的功能。接地时，应注意以下几点：

①接地线应尽量粗一些，接地点应尽量靠近变频器。

②接地线应尽量远离电源线。

③变频器所用的接地线，必须和其他设备的接地线分开，必须绝对避免把所有设备的接地线连在一起后再接地。

④变频器的接地端子不能和电源的"零线"相接。

单元 3　变频器面板操作

单元导学

本单元教学课件

变频器主要有两方面应用，一是为了节能，例如风机、水泵类负载采用变频器后比直接电网运行省电；二是满足工艺要求，例如在冶金、石油、化工、纺织、电力、建材、煤炭等行业，有的工艺不允许电动机直接启动，需要由变频器调速和协调工作才能满足工艺要求。本单元以变频器面板控制电动机点动、启停和正反转为教学任务，通过对变频器面板操作、主要参数设置、快速调试方法、变频器运行操作等内容的学习和训练，使学生熟悉变频器的调试方法、主要参数设置，能够实现变频器面板控制电动机点动、启停和正反转。

1. 知识目标

（1）了解变频器调试方式，熟悉变频器的操作面板、显示内容及按键设置。

（2）掌握变频器 BOP 操作面板调试的方法、步骤。

（3）掌握变频器控制三相异步电动机参数、频率参数、运转指令参数等主要参数的含义。

2. 技能目标

（1）能够进行变频器和三相异步电动机的电气接线。

（2）能够正确设置变频器参数。

（3）能够通过操作面板控制电动机启动/停止、正转/反转、加速/减速，监视变频器参数的变化。

单元知识

3.1　变频器操作面板的认知与操作

1. 西门子 MM420 系列变频器操作面板

西门子 MM420 系列变频器的调试支持状态显示面板（SDP）调试、基本操作面板（BOP）

调试、高级操作面板（AOP）调试三种调试方式，如图 3-1 所示。一般，MM420 系列变频器在标准供货方式时装有状态显示面板，对于很多用户来说，利用 SDP 和制造厂的默认设置值，就可以使变频器成功地投入运行。如果制造厂的默认设置值不适合用户的设备情况，用户可以利用基本操作面板或高级操作面板修改参数，使之匹配起来。BOP 和 AOP 是作为可选件供货的。这里主要介绍基本操作面板（BOP）调试方式。

（a）状态显示面板SDP　　　（b）基本操作面板BOP　　　（c）高级操作面板AOP

图 3-1　西门子 MM420 系列变频器三种调试方式

为了利用 BOP 设定参数，必须首先拆下 SDP，并装上 BOP。BOP 具有 7 段显示的五位数字，可以显示参数的序号和数值、报警和故障信息，以及设定值和实际值。参数的信息不能用 BOP 存储。用 BOP 操作时默认设置值见表 3-1。

表 3-1　用 BOP 操作时默认设置值

参数	说明	默认值，欧洲（或北美）地区
P0100	运行方式，欧洲/北美	50Hz，kW（50Hz，hp）
P0307	功率（电动机额定功率）	kW（hp）
P0310	电动机额定频率	50Hz（60Hz）
P0311	电动机额定速度	1395（1680）rpm
P1082	最大电动机频率	50Hz（60Hz）

基本操作面板上的按键及其功能见图 3-2 和表 3-2。

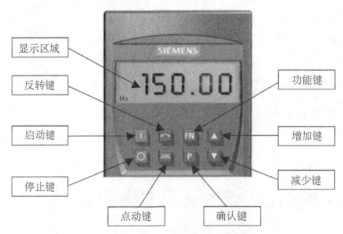

图 3-2　基本操作面板上的按键

表 3-2　基本操作面板上的按键及其功能

显示区域/按键	功　能	功能说明
r0000	状态显示	LCD 显示变频器当前的设定值
I	启动变频器	
0	停止变频器	OFF1：按此键，变频器将按选定的加速下降速率减速停车；默认值运行时此键被封锁；为了允许此键操作，应设定 P0700=1 OFF2：按此键两次（或一次，但时间较长），电动机将在惯性作用下自由停车。此功能总是"使能"的
↻	改变电动机的转动方向	按此键可以改变电动机的转动方向。电动机的反向用负号（一）表示或用闪烁的小数点表示。默认值运行时此键是被封锁的，为了使此键的操作有效，应设定 P0700=1
jog	电动机点动	在变频器无输出的情况下按此键，将使电动机启动，并按预设定的点动频率运行。释放此键时，变频器停止。如果电动机正在运行，按此键将不起作用
Fn	功能	此键用于浏览辅助信息。 变频器运行过程中，在显示任何一个参数时按下此键并保持 2s 不动，将显示以下参数值（在变频器运行中，从任何一个参数开始）： 1. 直流回路电压（单位为 V） 2. 输出电流（单位为 A） 3. 输出频率（单位为 Hz） 4. 输出电压（单位为 V）。 5. 由 P0005 选定的数值（如果 P0005 选择显示上述参数（3，4 或 5）中的任何一个，这里将不再显示）。 连续多次按下此键，将轮流显示以上参数。 跳转功能： 在显示任何一个参数（rXXXX 或 PXXXX）时，短时间按下此键，将立即跳转到 r0000，如果需要的话，可以接着修改其他参数。跳转到 r0000 后，按此键将返回原来的显示点。 故障确认： 在出现故障或报警的情况下，按下此键可以对故障或报警进行确认
P	访问参数	按此键即可访问参数和参数值
▲	增加数值	按此键即可增加基本操作面板显示区域显示的参数和参数值
▼	减少数值	按此键即可减少基本操作面板显示区域显示的参数和参数值

　　MM420 系列变频器在默认设置时，用 BOP 控制电动机的功能是被禁止的。如果要用 BOP 进行控制和调速，参数 P0700 应设置为 1，参数 P1000 也应设置为 1。用 BOP 可以修改参数。

修改参数的数值时，有时会显示"busy"，表明变频器正忙于处理优先级更高的任务。下面就以设置 P1000=1 的过程为例，来介绍通过基本操作面板修改设置参数的流程，见表 3-3。

MM420 系列变频器 BOP 基本操作

表 3-3　通过基本操作面板修改设置参数的流程

	操作步骤	BOP 显示结果
1	按 🅿 键，访问参数	r0000
2	按 ⬆ 键，直到显示 P1000	P1000
3	按 🅿 键，直到显示 in000，即 P1000 的第 0 组值	in000
4	按 🅿 键，显示当前值 2	2
5	按 ⬇ 键，达到所要求的值 1	1
6	按 🅿 键，存储当前设置	P1000
7	按 🅕🅝 键，显示 r0000	r0000
8	按 🅿 键，显示频率	50.00

为了快速修改参数的数值，通过移位方式可以一个个地单独修改显示出的每个数字，操作步骤如下：

①按 🅕🅝 键（功能键），最右边的一个数字闪烁。

②按 ⬆/⬇ 键，修改这位数字的数值。

③按 🅕🅝 键，相邻的下一个数字闪烁。

④执行步骤②至④，直到修改完所要求的数值。

⑤按 🅿 键，退出参数数值的访问级。

2. 三菱 FR-E740 系列变频器操作面板

三菱 FR-E740 系列变频器的参数设置，通常利用固定在其上的操作面板（不能拆下）实现，也可以使用连接到变频器 PU 接口的参数单元（FR-PU07）实现。使用操作面板可以进行运行方式设定、频率设定、运行指令监视、参数设定、错误显示等。操作面板如图 3-3 所示，其上半部为面板监视器，下半部为 M 旋钮和各种按键，它们的具体功能分别见表 3-4 和表 3-5。

运行模式显示
PU：PU运行模式时亮灯；
EXT：外部运行模式时亮灯；
NET：网络运行模式时亮灯；
PU、EXT：在外部／PU组合运行模式、操作面板无指令权时，灯全部熄灭。

运行状态显示
变频器动作中亮灯／闪烁。
亮灯：正转运行中缓慢闪烁（1.4s循环），反转运行中快速闪烁（0.2s循环）。
•按 RUN 键或输入启动指令都无法运行时；
•有启动指令，频率指令中的频率设定值小于启动频率时；
•输入了MRS信号时。

单位显示
•Hz：显示频率时亮灯。
（显示设定频率监视时闪烁）
•A：显示电流时亮灯。
（显示上述以外的内容时，"Hz""A"一并熄灭）

参数设定模式显示
参数设定模式时亮灯。

监视器（4位LED）
显示频率、参数编号等。

监视器显示
监视模式时亮灯。

M旋钮
用于变更频率设定、参数的设定值。按下该旋钮可显示以下内容：
•监视模式时的设定频率；
•校正时的当前设定值；
•报警信息。

停止运行
停止运转指令。
进行报警复位。

运行模式切换
用于切换PU／外部运行模式。
使用外部运行模式（通过另接的频率设定旋钮和启动信号启动的运行）时请按此键，使表示运行模式的EXT处于亮灯状态。
切换至组合模式时，可同时按 MODE 键（0.5s）
PU：PU运行模式；
EXT：外部运行模式时也可以解除PU运行模式。

模式切换
用于切换各设定模式。
和 PU/EXT 键同时按下也可以用来切换运行模式。
长按此键（2s）可以锁定操作。

各设定的确定
运行中按此键则监视器出现相关显示。

启动指令
通过Pr.40设定，可以选择旋转方向。

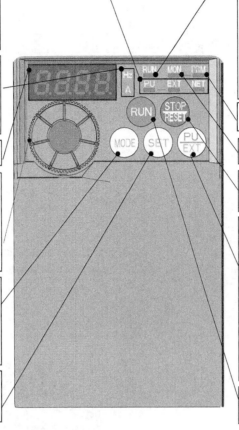

图 3-3　三菱 FR-E740 系列变频器操作面板

表 3-4　三菱 FR-E740 变频器操作面板 M 旋钮、按键的功能

旋钮和按键	功能
M 旋钮（三菱变频器旋钮）	旋动该旋钮用于变更频率、参数的设定值。按下该旋钮可显示以下内容： •监视模式时的设定频率； •校正时的当前设定值； •报警信息
模式切换键 MODE	用于切换各设定模式。和运行模式切换键同时按下也可以用来切换运行模式。长按此键（2s）可以锁定操作
设定确定键 SET	各设定的确定。此外，当运行中按此键则监视器依次显示运行频率、输出电流、输出电压
运行模式切换键 PU/EXT	用于切换 PU／外部运行模式。 使用外部运行模式时请按此键，使表示运行模式的 EXT 处于亮灯状态。 切换至组合模式时，可同时按 MODE 键 0.5s，或者变更参数 Pr.79
启动指令键 RUN	在 PU 模式下，按此键启动运行。 通过 Pr.40 的设定，可以选择旋转方向
停止运行键 STOP/RESET	在 PU 模式下，按此键停止运转。 保护功能（严重故障）生效时，也可以进行报警复位

表 3-5　三菱 FR-E 740 系列变频器操作面板运行状态显示功能

显示	功能
运行模式显示	PU：PU 运行模式时亮灯； EXT：外部运行模式时亮灯； NET：网络运行模式时亮灯
监视器（4 位 LED）	显示频率、参数编号等
监视数据单位显示	Hz：显示频率时亮灯； A：显示电流时亮灯。 （显示电压时熄灯，显示设定频率监视时闪烁）
运行状态显示	当变频器动作中亮灯或者闪烁，其中： 亮灯——正转运行中； 缓慢闪烁（1.4s 循环）——反转运行中。 下列情况下出现快速闪烁（0.2s 循环）： •按键或输入启动指令都无法运行时； •有启动指令，但频率指令中的频率设定值小于启动频率时； •输入了 MRS 信号时
参数设定模式显示 PRM	参数设定模式时亮灯
监视器显示 MON	监视模式时亮灯

　　下面就以变更 Pr.1 上限频率的过程为例，来介绍通过基本操作面板修改设置参数的流程，见表 3-6。

表 3-6　变更 Pr.1 上限频率的操作流程

操作	显示
1. 电源接通时显示的监视器界面	 0.00 Hz　MON EXT
2. 按 PU/EXT 键，进入 PU 运行模式	 0.00　PU PU显示灯亮
3. 按 MODE 键，进入参数设定模式	 P. 0　PRM PRM显示灯亮
4. 旋转 M 旋钮，将参数设定为1	 P. 1
5. 按 SET 键，读取当前设定值	 120.0 Hz
6. 旋转 M 旋钮，将参数设定为50	 50.00 Hz
7. 按 SET 键设定	 50.00 Hz　P. 1 闪烁参数设置完成

三菱变频器操作面板基本操作

3.2　变频器的参数设置

1.运转指令方式

变频器的运转指令方式是指通过指令控制变频器的基本运行功能，这些功能包括启动、停止、正转与反转、正向点动与反向点动、复位等。变频器的运转指令方式有操作面板控制、端子控制和通信控制三种类型。这些运转指令方式必须按照实际的需要进行选择设置，同时也可以根据功能进行方式的切换。

（1）操作面板控制

操作面板控制是变频器最简单的运转指令方式，用户可以通过变频器操作面板上的运行键、停止键、点动键和复位键、正反转切换键来直接控制变频器的运转。

操作面板控制的最大特点就是方便实用，操作面板既可以控制变频器，同时又能起到故障报警功能，能够将变频器是否运行、是否故障报警的信息告知给用户，用户能直观地了解变频器是否确实在运行中、是否在报警（过载、超温、堵转等）以及故障类型。

（2）端子控制

端子控制是指变频器通过其外接输入端子从外部输入开关信号（或电平信号）来进行控制的方式。这时，外接的按钮、选择开关、继电器、PLC 或 DCS 的继电器模块替代了操作面板上的运行键、停止键、点动键和复位键，可以远程控制变频器的运转。在众多品牌变频器的端子中有三种具体表现形式：

①上述几个功能都是由专用端子实现，即每个端子固定为一种功能。这种方式在早期的变频器中使用较为普遍。

②上述几个功能都是由通用的多功能端子实现，即每个端子都不固定，可以通过定义多功能端子的具体内容来实现。西门子 MM420 系列变频器的端子 5、6、7 属于这种控制方式。

③上述几个功能除正转、反转功能由专用固定端子实现外，其余如点动、复位、使能融合在多功能端子中实现。现在大部分变频器使用这种方式。

（3）通信控制

通信控制的运转指令方式，在不增加线路的情况下，只须修改上位机给变频器的传输数据即可对变频器进行正反转、点动、故障复位等控制。

利用变频器的通信控制方式可以组成单主单从或单主多从的通信控制系统，利用上位机软件可实现对网络中变频器的实时监控，完成远程控制、自动控制，以及实现更复杂的运行控制，如无限多段程序运行。

常规的通信端子接线分为四种：

①变频器 RS-232 接口与上位机 RS-232 接口通信；

②变频器通过 RS-232 接口连接调制解调器 MODEM 后再与上位机相连；

③变频器 RS-485 接口与上位机 RS-485 接口通信；

④以太网通信。

2. 频率给定参数

改变变频器的输出频率就可以改变电动机的转速。要调节变频器的输出频率，变频器必须提供改变频率的信号，这个信号称之为频率给定信号，所谓的频率给定方式就是供给变频器给定信号的方式。

1）常用频率参数

（1）给定频率

用户根据生产工艺的需求所设定的变频器输出频率称为给定频率。

（2）输出频率

输出频率是指变频器实际输出的频率。

（3）基准频率

基准频率也叫基本频率，一般以电动机的额定频率作为基本频率的给定值。这是因为若基准频率设定低于电动机额定频率，则当给定频率大于基准频率，电动机电压将会增加，输出电压的增加，将引起电动机磁通的增加，使磁通饱和，励磁电流发生畸变，出现很大的尖峰电流，从而导致变频器因过流而跳闸。若基准频率设定高于电动机额定频率，则电动机电压将会减小，电动机的驱动负载能力下降。

（4）上限频率和下限频率

上限频率和下限频率分别指变频器输出的最高、最低频率，常用 f_H 和 f_L 表示。当变频器的给定频率高于上限频率或者低于下限频率时，变频器的输出频率将被限制在上限频率或下限频率，如图 3-4 所示。

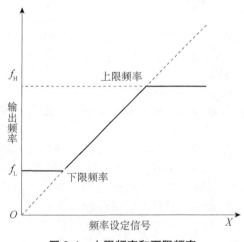

图 3-4　上限频率和下限频率

（5）点动频率

点动频率是指变频器在点动运行时的给定频率。

（6）载波频率（PWM 频率）

PWM 变频器的输出电压是一系列脉冲，脉冲的宽度和间隔均不相等，其大小取决于调制波（基波）和载波（三角波）的交点。

（7）启动频率

启动频率是指电动机开始启动时的频率。给定启动频率的原则是：在启动电流不超过允许值的前提下，拖动系统能够顺利启动。

（8）多挡转速频率

由于工艺上的要求不同，很多生产机械在不同的阶段需要在不同的转速下运行，例如铣床主轴变速箱有 15 挡。为方便这种负载，大多数变频器均提供了多挡转速频率控制功能，也简称为多段速。

常见的形式是在变频的控制端子中设置若干个开关，用开关状态的组合来选择不同挡频率。例如，在 MM420 系列变频器中应用 DIN1、DIN2、DIN3 输入开关信号的不同组合可选择 7 个频率段；三菱 FR-E740 系列变频器用 RH、RM、RL、REX 输入开关信号的不同组合可选择 15 个频率段。

（9）跳跃频率

跳跃频率也叫回避频率，是指不允许变频器连续输出的频率，常用 f_J 表示。

变频器在预置跳跃频率时通常预置一个跳跃区间，区间的下限是 f_{J1}、上限是 f_{J2}，如果给定频率处于 f_{J1}、f_{J2} 之间，变频器的输出频率将被限制在 f_{J1}。　跳跃频率的工作区间如图 3-5 所示。

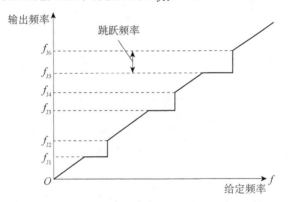

图 3-5　跳跃频率的工作区间

2）频率给定方式

与运转指令方式相似，变频器也主要有三种频率给定方式可供用户选择，西门子 MM420 系列变频器频率给定方式的选择是通过 P1000 参数实现的，三菱 FR-E740 系列变频器是通过参数 Pr.79 实现的。

（1）面板给定方式

设置 P1000=1（Pr.79=0、1、3），西门子 MM420 系列变频器通过增加键、减小键给定频率，三菱 FR-E740 系列通过旋转 M 旋钮给定频率。

（2）端子给定方式

设置 P1000=2 或 P1000=3（Pr.79=0、2、4），通过外部的模拟量或数字量输入给定端口，将外部频率给定信号传送给变频器。

①电压信号。一般有 0～5V、0～±5V、0～10V、0～±10V 等。

②电流信号。一般有 0～20mA、4～20mA 两种。

③开关信号。用开关状态的组合来选择不同挡频率。

西门子 MM420 系列变频器仅支持用 0～10V，FR-E740 系列变频器通过参数 Pr.73、Pr.267 以及电压/电流输入切换开关，可以实现 0～5V、0～10V、4～20mA 的可逆或不可逆运行。

（3）通信给定方式

设置 P1000=5（（Pr.79=2 或 6），由计算机或其他控制器通过通信接口进行给定。

3）频率给定线及其预置值

（1）频率给定线

由模拟量进行频率给定时，变频器的给定频率 f_X 与给定信号 X 之间的关系曲线 $f_X=f(X)$，称为频率给定线。

（2）基本频率给定线

在给定信号 X 从 0 增大至最大值 X_{max} 的过程中，给定频率 f_X 线性地从 0 增加到最大的频率给定线称为基本频率给定线。其起点为（$X=0$，$f_X=0$），终点为（$X=X_{max}$，$f_X=f_{max}$），如图 3-6 中曲线 1 所示。

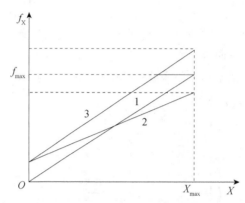

1—基本频率给定线；2—$G\%<100\%$ 的频率给定线；3—$G\%>100\%$ 的频率给定线

图 3-6　频率给定线

（3）频率给定线的预置值

给定线的起点和终点坐标可以根据拖动系统的需要任意预置。

①起点坐标（$X=0$，$f_X=f_{BI}$），f_{BI} 为给定信号 $X=0$ 时所对应的给定频率，称为偏置频率。

②终点坐标（$X=X_{max}$，$f_X=f_{Xm}$），偏置频率 f_{BI} 是直接设定的频率值，而最大给定频率 f_{Xm} 常常是通过预置"频率增益"$G\%$ 来设定的。$G\%$ 即最大给定频率 f_{Xm} 与最大频率 f_{max} 之比的百分数，可表示为：

$$G\%=(f_{Xm}/f_{max})\times100\%$$

3. 启、制动控制方式

（1）加速特性

根据各种负载的不同要求，变频器给出了各种不同的加速曲线（模式）供用户选择。变频器的加速曲线有线性方式、S 形方式和半 S 形方式等，如图 3-7 所示。

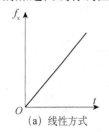
（a）线性方式

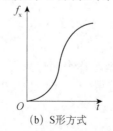
（b）S 形方式

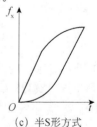
（c）半 S 形方式

图 3-7　变频器的加速曲线

①线性方式　在加速过程中，频率与时间成线性关系，如图 3-7（a）所示，如果没有特殊要求，一般的负载大都选用线性方式。

②S 形方式　初始阶段加速较缓慢，中间阶段为线性加速，尾端加速度逐渐为零，如图 3-7（b）所示。

③半 S 形方式　加速时一半为 S 形方式，另一半为线性方式，如图 3-7（c）所示。

（2）启动方式

变频器启动时，启动频率可以很小，加速时间可以自行给定，这样就能有效解决启动电流大和机械冲击的问题。

加速时间：是指工作频率从 0 Hz 上升至基本频率所需要的时间。各种变频器都提供了在一定范围内可任意给定加速时间的功能。

给定加速时间的基本原则：在电动机的启动电流不超过允许值的前提下，尽量地缩短加速时间。

（3）减速特性

拖动系统的减速和停止过程是通过逐渐降低频率来实现的。

减速时间是指给定频率从基本频率下降至 0 Hz 所需的时间。

减速模式和加速模式相仿，也有三种方式：

①线性方式　在减速过程中，频率与时间呈线性关系。

②S 形方式　在开始阶段和结束阶段，减速过程比较缓慢，而在中间阶段，则按线性方式减速。

③半 S 形方式　减速过程呈半 S 形。

（4）制动方式

变频器使电动机停车制动有如下几种方式：

①由外部端子控制。

西门子变频器将 P0700 设置为 2，P0701 设置为 1，5 号端子断开，电动机开始制动，制动减速时间由 P1121 设置；将 P0701 设置为 4，用 OFF3 指令使电动机以较大的加速度减速停车。三菱变频器将 Pr.79 设置为 EXT 外部端子控制，参数 Pr.250 设置端子 STF 和 STR 的断开制动时间。

②由 BOP 控制。

西门子变频器将 P0700 设置为 1，点动操作面板上的 OFF 按键，即按惯性自由停车。不论在任何运行模式下，连续按两次或长按 OFF 按键，也可使电动机停车。三菱变频器将 Pr.79 设置为操作面板 PU 控制，点动操作面板上 [STOP/RESET] 按键，即停车。

③直流注入制动。

西门子变频器使能直流注入制动时可将参数 P0701～P0708 设置为 25，直流制动的持续时间可由参数 P1233 设置，直流制动电流可由参数 P1232 设置。直流制动的起始频率可由参数 P1234 设置。如果没有将数字输入端设定为直流注入制动，而且 P1233≠0，那么直流制动将在每个 OFF1 指令之后起作用。

三菱变频器的参数 Pr.10、Pr.11、Pr.12 分别用于设置直流制动动作的频率、时间和电压。

④复合制动。

为了进行复合制动，应在交流电流中加入直流分量，制动电流可由参数设定。

⑤用外接制动电阻进行动力制动。

用外接制动电阻（外形尺寸为 A～F 的 MM420 系列变频器采用内置的斩波器）进行

制动时，按线性方式平滑、可控地降低电动机的速度，制动电路和控制电路分别如图 2-6 和 2-8 所示。

4. 参数概述

应用调试是指对变频器和电动机组成的驱动系统进行自适应或优化，保证其特性符合特定应用对象的要求。变频器可以提供许多功能，但是，对于一个特定的应用对象来说，并不是所有这些功能都需要投入。在进行应用调试时，不需要投入的功能可以被跳跃过去。表 3-7 只是罗列变频器的大部分功能所用到的参数，其他参数请查阅变频器手册。

表 3-7　参数概表

运转方式	MM 420				FR-E740			
	参数	初始值	设定值	功能	参数	初始值	设定值	功能
运行模式选择	P0700 运转指令 /P1000 频率给定	2/2	1	BOP（键盘）设置	Pr.79 运行模式选择	0	0	外部/PU 切换
			2	由端子排输入			1	固定 PU
			4	BOP 链路 USS 设置			2	固定外部，可在外部、网络间切换
			5	COM 链路 USS 设置			3、4	外部/PU 组合，含命令源和频率源
			6	COM 链路 CB 设置			6	PU、外部、网络切换
			0	默认设置值			7	X12 端子控制切换模式
数字输入端	P0701 ～ P0704		详见单元 4 中表 4-1 外部端子参数含义		Pr.178 ～ Pr.184		详见单元 4 中表 4-1 外部端子参数含义	
数字输出端	P0731 确定数字输出信号源	52.3	52.0	变频器准备	Pr.190	0	RUN 端子功能 集电极开路输出，RUN 变频器运行	
			52.1	变频器运行准备就绪				
			52.2	变频器正在运行				
			52.3	变频器故障	Pr.191	4	正逻辑 0～99 负逻辑 100～199	FU 端子功能 输出频率检测
			52.4	OFF2 停车命令有效				
			52.5	OFF3 停车命令有效				
			52.6	禁止合闸				
			52.7	变频器报警	Pr.192	99	ABC 端子功能 继电器输出 ALM 异常输出	
	P0748	0	0	继电器输出高电平				
			1	低电平继电器常开				
模拟输入端	详见单元 4				详见单元 4			
模拟输出端	P0771	21		DAC0～20mA 模拟输出的功能	Pr.158	1		端子 AM 的功能 1：输出频率
	P0773	2		模拟输出信号的平滑时间，单位 ms	Pr.55	50		频率监视基准：输出频率监视值，输出到端子 AM 时的满刻度值，单位 Hz
	P0777	0.0%		标定 DAC 的 x1 值，%	Pr.56	额定电流		电流监视基准：输出电流监视值，输出到端子 AM 时的满刻度值

运转方式	MM 420				FR-E740			
	参数	初始值	设定值	功能	参数	初始值	设定值	功能
	P0778	0		标定 DAC 的 y1 值	Pr.645	1000		AM 0V 调整：校正模拟输出为 0 时的仪表刻度
	P0779	100.0%		标定 DAC 的 x2 值，%				
	P0780	20		标定 DAC 的 y2 值	C1（901）			AM 端子校正：校正接在端子 AM 上的仪表的刻度
	P0781	0		DAC 的死区宽度				
多挡频率	详见单元 4				详见单元 4			
PID	详见单元 5				详见单元 5			
通信	详见单元 5				详见单元 5			

3.3 面板控制变频器运行

1. 变频器的接线

通过变频器的面板控制变频器的运行，只需要将主电路连接好即可。西门子 MM420 系列变频器和三菱 FR-E740 系列变频器主电路简图分别如图 2-20 和图 2-21 所示，可参照进行接线。

2. 参数设计

在电动机投入运行前，需要设计电动机参数、运转指令参数、频率参数、加减速时间等基本参数。

1）恢复出厂设置

一般的，对于初学者，在重新对变频器参数进行规划设计的时候，可以将变频器参数恢复为出厂默认值（以下简称为初始值），这样可以免去一些不必要的参数检查工作。

西门子 MM420 系列变频器恢复出厂设置参数：设定 P0010=30，设定 P0970=1。完成复位过程需要一定时间。

而对于三菱 FR-E740 系列变频器，须在 PU 运行模式下，设定 Pr.CL 参数清除、ALLC 参数全部清除且均为"1"，可使参数恢复为初始值。但如果将 Pr.77 设定为"1"（不可写入参数），则参数无法清除，需先将 Pr.77 设定为"0"，再执行参数清除操作。

2）西门子 MM420 变频器快速调试

对于电动机参数、运转指令参数、频率选择方式参数、上限频率、下限频率、加减速时间等基本参数，西门子 MM420 系列变频器可以通过快速调试的方式进行设置，具体流程如图 3-8 所示。

如果采用面板控制电动机，P700 应该设置为"1"，即命令源来自基本操作面板；P1000 设置为"1"，即用 BOP 控制频率升降。在快速调试的各个步骤都完成以后，应选定 P3900，如果将它设置为"1"，将执行必要的电动机计算，并使其他参数（P0010=1 不包括在内）恢复为初始值。只有在快速调试方式下才进行这一操作。

图 3-8   西门子 MM420 系列变频器快速调试流程

在参数设计调试中，P0003（选择用户访问级别）、P0010（快速调试）、P0004（参数过滤）的功能是十分重要的。由此可以选定一组快速调试的流程，允许进行快速调试的参数、电动机的设定参数和加速函数的设定参数都包括在内。访问的等级由参数 P0003 来选择。对于大多数应用对象，只要访问标准级（P0003=1）和扩展级（P0003=2）就足够了。P0004 参数过滤器，设置不同的值，可进入不同参数区，见表 3-8。

表 3-8　P0004 的参数与功能

参数值	功能	参数值	功能
2	变频器	12	驱动设置
3	电动机数据	13	电动机控制
7	命令和数字 I/O	20	通信
8	模拟 I/O	21	报警、警告、通信
10	设定值通道和加速发生器	22	PI 控制器

3）FR-E740 系列变频器面板控制参数设计

（1）输出频率的限制（Pr.1、Pr.2、Pr.18）

为了限制电动机的速度，应对变频器的输出频率加以限制。用 Pr.1（上限频率）和 Pr.2（下限频率）来设定，可将输出频率限制在上、下限频率之间。当变频器在 120Hz 以上运行时，用参数 Pr.18（高速上限频率）设定高速输出频率的上限。

（2）加减速时间（Pr.7、Pr.8、Pr.20、Pr.21）

加减速时间相关参数的意义及设定范围见表 3-9。

表 3-9　加减速时间相关参数的意义及设定范围

参数	参数意义	默认值	设定范围	备注
Pr.7	加速时间	5s	0～3600/360s	根据 Pr.21 加/减速时间单位的设定值进行设定，初始值的设定范围为 0～3600s，设定单位为 0.01s
Pr.8	减速时间	5s	0～3600/360s	
Pr.20	加/减速基准频率	50Hz	1～400Hz	分辨率：0.01 Hz
Pr.21	加/减速时间单位	0	0/1	0：0～3600s；单位：0.1s 1：0～360s；单位：0.01s

设定说明：

①用 Pr.20 设置加/减速的基准频率，在我国应选择 50Hz。

②Pr.7（加速时间）用于设定从停止到基准频率的加速时间。

③Pr.8（减速时间）用于设定从基准频率到停止的减速时间。

（3）电子过电流保护（Pr.9）

为了防止电动机过载，Pr.9 提供了电子过电流保护值设置，其初始值为变频器的额定电流，设置范围为 0～500A。一般将其值设置为电动机额定电流，对于 0.75K 或以下的产品，应设定为变频器额定电流的 85%。

（4）电动机的基准频率（Pr.3）

设定电动机的基准频率，初始值 50Hz，设置范围为 0～400Hz。首先应确认电动机铭牌上的额定频率，如果铭牌上的频率为 60Hz 时，Pr.3 的基准频率一定要设定为 60Hz。

（5）启动指令和频率指令的选择（Pr.79）

各参数的意义及设定范围见表 3-7，面板控制电动机运行 Pr.79 参数可以设置为 0 或者 1。

3.面板调试、运行步骤

用面板调试、运行电动机步骤如下：

①按照要求完成变频器的机械和电气安装。

②对于西门子 MM420 系列变频器须拆下操作面板，拨动 DIP2 开关（OFF/ON 切换），选择工作地区和电源频率（50Hz 或 60Hz）。

③检查无误，盖好端盖，清理现场后接通变频器电源。

④进行快速调试或者设置简易模式参数（电动机数据参数、运转指令方式参数、频率给定参数、加减速时间等）。

⑤通过操作面板控制电动机，并监控变频器运行参数。

在 YL158-GA 或 YL-335B 装备中选用西门子 MM420 系列变频器或三菱 FR-E740 系列变频器，在 815Q 设备中选用三菱 FR-D720S 变频器，或选用其他设备。本书以在 YL158-GA 和 YL-335B 装备为例选用以下器材。

（1）西门子 MM420 系列变频器或三菱 FR-E740 系列变频器，每组 1 台。

（2）380V 三相交流异步电动机，额定功率 60W，额定电压 380V，额定电流 0.38A/0.66A，额定转速 1440r/min。

（3）维修电工常用工具，每组 1 套。

（4）对称三相交流电源，线电压为 380V，每组 1 组。

实训任务 1 面板控制变频器

1. 实训目的

（1）掌握变频器的面板操作方法，正确设置变频器参数：电动机的额定频率、额定电压、额定电流、额定功率、额定转速、运转指令方式参数、频率给定参数、上下限频率、加减速时间等。

（2）掌握变频器的使用方法，通过变频器面板控制电动机点动、启动/停止、正反转、改变频率。

2. 实训步骤

（1）变频器的接线

参考单元 2 的实训任务 2，并依据图 2-20 和图 2-21 完成面板控制电动机运行接线。

（2）参数设定

面板控制电动机运行参数设定见表 3-10。

表 3-10 面板控制电动机运行参数设定表

| 西门子 MM420 系列变频器 | | | | | |
参数	设定值	功能	参数	设定值	功能
P0010	30	恢复出厂默认值	Pr.1	50	上限频率
P0970	1		Pr.2	0	下限频率
P0010	1	开始快速调试	Pr.3	50	电动机的额定频率
P0304	380	电动机的额定电压（V）	Pr.7	5	加速时间
P0305	0.66	电动机的额定电流（A）	Pr.8	5	减速时间
P0307	0.06	电动机的额定功率（kW）	Pr.9	0.66	电动机的额定电流
P0310	50	电动机的额定频率（Hz）	Pr.79	0	运行模式选择
P0311	1400	电动机的额定转速（r/min）			
P0700	1	BOP 面板运转指令			
P1000	1	BOP 频率给定			
P1080	0.00	下限频率（0Hz）			
P1082	50.00	上限频率（50Hz）			
P1120	3	加速时间（10s）			
P1121	3	减速时间（10s）			
P3900	1	结束快速调试并计算			

注：设定电动机参数时先设定 P0010=1（快速调试），电动机参数设置完毕令 P3900=1，结束快速调试，自动 P0010=0（准备）。

3. 操作步骤

（1）检查实训设备中的器材是否齐全。

（2）按照变频器接线原理图完成变频器的接线，认真检查，确保正确无误。

（3）打开电源开关，按照参数设定表正确设置变频器参数。

（4）按下西门子 MM420 系列变频器操作面板上的按键"⬛"，按下三菱 FR-E740 系列变频器操作面板上的"RUN"按键，启动变频器。

（5）按下西门子 MM420 系列变频器操作面板上的按键"⬆/⬇"，旋转三菱 FR-E740 系列变频器操作面板上的 M 旋钮，增加、减小变频器输出频率。

（6）按下西门子 MM420 系列变频器操作面板上的按键"⬛"，改变电动机的运转方向；三菱 FR-E740 系列变频器通过 Pr.40 的设定，改变旋转方向。

（7）按下西门子 MM420 系列变频器操作面板上的按键"⬛"，按下三菱 FR-E740 系列变频器操作面板上的"⬛"按键，停止变频器。

操作面板控制变频器运行操作演示

[实训问题]：设定西门子 MM420 系列变频器监控电压、电流等参数后，再次按下操作面板上的按键"⬆/⬇"，变频器的频率有时不改变。

[解决办法]：以下两种办法均可以解决。

①重新进入参数设置模式，再退出。

②变频器断电后再送电。

实训任务 2　变频器参数监视

1. 实训目的

掌握变频器参数监视的操作方法。

2. 操作步骤

（1）西门子变频器

①参数设置完，先按 **Fn** 按键，再按 **P** 按键，可直接监控变频器的运行频率。在 BOP 的显示区域的左下角显示频率单位 Hz。

②长按 **Fn** 按键 2s 以上，可监控变频器参数。每按一次 **Fn** 按键会在内部直流电压、输出电压、输出电流、输出频率之间切换。BOP 的显示区域对应地显示数据及其单位 "d V" "o V" "A" "Hz"。

（2）三菱变频器

三菱变频器的监视模式有三种，即频率监视、电流监视、电压监视。在监视模式下，按下【SET】键可以循环显示输出频率（频率指示灯亮）、输出电流（电流指示灯亮）和电压（指示灯都不亮），如图 3-9 所示。可以通过参数设置变更监视内容。

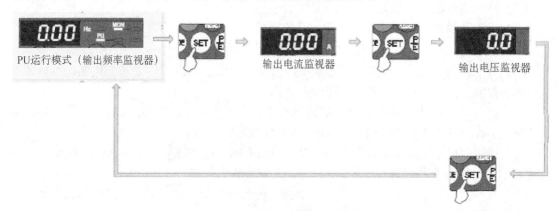

PU运行模式（输出频率监视器）　　　输出电流监视器　　　输出电压监视器

图 3-9　三菱变频器监视模式转换

单元拓展

在使用变频器过程中，应该严格按照变频器手册进行硬件施工和参数设计，以避免产生不必要的故障。不论是 MM420 系列变频器还是 FR-E740 系列变频器，均具备自诊断功能，当出现一些故障时，会在监视器内显示错误代码，可以通过查询代码类型，快速锁定故障原因。但需要说明的是，并不是所有的故障都在变频器监测范围内，从系统的角度去分析问题也是必须的。

1. MM420系列变频器运行常见故障及检测

（1）过电流（错误代码：F0001）

原因：变频器的输出电流超过过电流检测值（约为额定电流的200%）。

检查要点：

- 检查电动机接线端子（U、V、W）电路之间有无相间短路或对地短路。
- 检查输入三相电源是否出现缺相或不平衡。
- 检查电动机电缆（包括相序）。
- 检查编码器电缆（包括相序）。
- 检查电动机功率是否匹配。
- 检查在电动机电缆上是否含有功率因数校正电容或浪涌吸收装置。
- 检查变频器输出侧安装的电磁开关是否误动作。
- 检查变频器的加速时间。
- 检查变频器的参数设定（电动机相关参数）。

（2）过载（错误代码：F0005、F0011）

原因：变频器的输出电流超过电动机或变频器的额定电流（约为额定值的160%）。

检查要点：

- 检查负载是否过重。
- 检查变频器的三相输出是否平衡。
- 检查在电动机电缆上是否含有功率因数校正电容或浪涌吸收装置。
- 检查变频器输出侧安装的电磁开关是否误动作。
- 检查变频器的加速时间。

（3）过电压（错误代码：F0002）

原因：变频器的中间电路直流电压高于过电压的极限值。

检查要点：

- 检查电源电压是否在规定范围内。
- 检查变频器的减速时间是否设置过短，如过短，延长减速时间。
- 检查是否正确使用制动单元。
- 降低负载惯量或放大变频器容量。

（4）欠电压（错误代码：F0003）

原因：变频器的中间电路直流电压低于欠电压的极限值。

检查要点：

- 检查电源是否存在停电、瞬间停电，检查主电路器件是否存在故障、接触不良等。
- 检查电源电压是否在规定范围内。
- 检查供电变压器容量是否合适。
- 检查系统中是否存在大启动电流的负载。

（5）接地故障

原因：变频器输出侧的接地电流超出变频器的整定值。

检查要点：

- 检查电动机的对地绝缘。
- 检查电动机电缆的对地绝缘。

（6）输入电源缺相

原因：变频器直流环节电压波动太大，输入电源缺相。

检查要点：

- 检查变频器的供电电压是否缺相。
- 检查三相输入电压不平衡度是否超过 4%。
- 检查负载波动是否太大。
- 检查变频器的三相输入电流是否平衡，如果三相电压平衡但电流不平衡则为变频器故障，须与厂家联系。

（7）输出缺相

原因：检测到变频器某输出相无输出电流，而另两相有电流。

检查要点：

- 检查电动机。
- 检查变频器和电动机之间的接线。
- 检查变频器三相输出电压是否平衡。

2. FR-E740 系列变频器运行常见故障及检测

（1）报警（错误代码：Err）

检查要点：

- RES 信号是否为 ON。
- 在外部运行模式下，试图设定参数。
- 运行中，试图切换运行模式。
- 在设定范围之外，试图设定参数。
- PU 和变频器不能正常通信。
- 运行中（信号 STF，SRF 为 ON），试图设定参数。
- 在 Pr.77（参数写入禁止选择）参数写入禁止时，试图设定参数。

（2）过电流断路（错误代码：E.OC2、E.OC3）

检查要点：

- 负荷是否有急速变化，输出是否短路。
- 电动机是否急减速运行，输出是否短路，电动机的机械制动是否过早。

（3）过电压断路（错误代码：E.OV1、E.OV2、E.OV3）

检查要点：

- 加速度是否太小。
- 负荷是否有急速变化。

•是否急减速运行。

（4）过载断路（错误代码：E.THM、E.THT）

检查要点：

电动机是否在过负荷状态下运行。

（5）欠压保护（错误代码：E.UVT）

检查要点：

有无大容量的电动机启动，P 和 P1 之间是否接有短路片或直流电抗器。

单元4　外部端子控制变频器运行

单元导学

本单元教学课件

在实际工业现场，为了能够实现远程操作，变频器提供外部端子控制方式。本单元以外部端子控制变频器实现电动机点动、启停、正反转、多段速控制和外部模拟量给定频率为教学任务，通过对变频器外部端子配线、变频器主要参数设置、运行调试方法等内容的学习与训练，使学生熟悉变频器的调试方法、主要参数设置，能够利用外部端子控制变频器运行。

1. 知识目标

（1）掌握变频器的数字量端子和模拟量端子的配线原理。

（2）掌握利用变频器外部数字量端子实现电动机点动、正反转、多段速控制的相关参数设计。

（3）掌握利用变频器外部模拟量端子控制电动机转速的相关参数设计。

2. 技能目标

（1）能够进行变频器外部数字量端子和模拟量端子的配线。

（2）能够正确设置外部端子控制变频器运行的参数。

（3）能够通过变频器外部数字量端子实现电动机点动、正反转、多段速控制。

（4）能够通过变频器模拟量端子控制电动机转速。

单元知识

4.1　认识变频器外部端子

1. 西门子MM420系列变频器外部端子

西门子MM420系列和三菱FR-E740系列变频器方框图分别如图2-9和图2-10所示，其外部端子分布如图 4-1 所示。

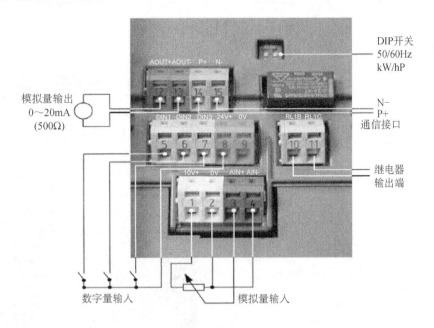

（a）西门子MM420系列变频器外部端子

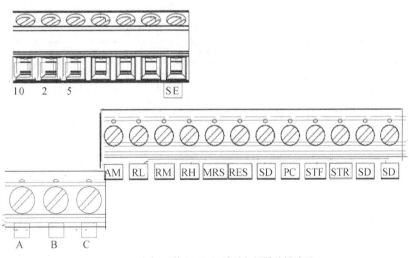

（b）三菱FR-E740系列变频器外部端子

图 4-1   西门子 MM420 系列变频器和三菱 FR-E740 系列外部端子分布

MM420 系列变频器的控制端子见表 4-1。MM420 系列变频器的控制端子分为 3 部分，分别是输入信号端子、输出信号端子和 RS-485 通信端子，关于 RS-485 通信端子的内容将在单元 5 中进行详细介绍。MM420 系列变频器外部端子的参数及含义见表 4-2。通过对端子的功能进行规划，可以实现对电动机点动、正反转、多段速控制。

表 4-1 MM420 系列变频器的控制端子

端子号	标识	功能	实物
1	—	输出+10V	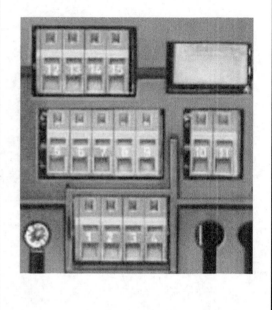
2	—	输出 0V	
3	AIN+	模拟量输入（+）	
4	AIN−	模拟量输入（−）	
5	DIN1	数字量输入 1	
6	DIN2	数字量输入 2	
7	DIN3	数字量输入 3	
8	—	输出+24V/最大 100mA	
9	—	输出 0V/最大 100mA	
10	RL1B	数字量输出/NO（常开）触头	
11	RL1C	数字量输出/切换触头	
12	AOUT+	模拟量输出（+）	
13	AOUT−	模拟量输出（−）	
14	P+	RS-485 串行接口	
15	N-	RS-485 串行接口	

表 4-2 MM420 系列变频器外部端子的参数及含义

变频器参数	规划内容	始初值	可以使用的参数设定值（部分）
P701	DIN1 功能 端子 5	1	0 禁止数字量输入 1 接通正转 ON/OFF1 指令 2 接通反转 ON/OFF1 指令
P702	DIN2 功能 端子 6	12	3 OFF2—按惯性自由停车 4 OFF3—按快速下降加速曲线停车 10 正向点动
P703	DIN3 功能 端子 7	9	11 反向点动 12 反转 15 固定频率（直接选择）
P704	DIN4 功能 端子 3、4 改造	0	16 固定频率（直接选择+ON） 17 固定频率（BCD 码+ON） 25 使能直流注入制动

2. 三菱 FR-E740 系列变频器外部端子

三菱 FR-E740 变频器外部输入端子功能的定义见表 4-3。外部端子 2、4、5、10 的功能是固定的，部分端子可以通过 Pr.178～Pr.184、Pr.190～Pr.192（输入/输出端子功能选择参数）选择端子功能，见表 4-4。通过选择不同外部输入端子，并进行相应的参数设计，可以实现对电动机点动、正反转、多段速控制。

表 4-3　三菱 FR-E740 系列变频器外部输入端子功能的定义

端子标识	端子名称	端子功能说明		额定规格
STF	正转启动	STF 信号为 ON 时为正转指令，为 OFF 时为停止指令	STF、STR 信号同时为 ON 时变成停止指令	输入电阻 4.7kΩ 开路时电压：DC 21～26V 短路时电流：DC 4～6mA
STR	反转启动	STR 信号为 ON 时为反转指令，为 OFF 时为停止指令		
RH、RM、RL	多段速选择	用 RH、RM 和 RL 信号的组合可以选择多段速度		
MRS	输出停止	MRS 信号为 ON（20ms 以上）时，变频器输出停止。用电磁制动方式停止电动机时用于断开变频器的输出		
RES	复位	复位用于解除保护回路动作时的报警输出，使 RES 信号处于 ON 状态 0.1s 或以上，然后断开。初始设定为始终时可进行复位，但进行了 Pr.75 的设定后，仅在变频器报警发生时可进行复位，复位所需时间约为 1s		
SD	接点输入公共端（漏型）	接点输入端子（漏型逻辑），出厂设置为漏型		—
	外部晶体管公共端（源型）	源型逻辑时作为连接晶体管输出（即集电极开路输出）。例如可编程控制器（PLC），将晶体管输出用的外部电源公共端接到该端子时，可以防止因漏电引起的误动作		
	DC24V 电源公共端	DC24V、0.1A 电源（端子 PC）的公共输出端子。与端子 5 及端子 SE 绝缘		
PC	外部晶体管公共端（漏型）	漏型逻辑时作为连接晶体管输出（即集电极开路输出）。例如可编程控制器（PLC），将晶体管输出用的外部电源公共端接到该端子时，可以防止因漏电引起的误动作		电源电压范围：DC 22～26V 容许负载电流：100mA
	接点输入公共端（源型）	接点输入端子（源型逻辑）的公共端子		
	DC24V 电源	可作为 DC24V、0.1A 的电源使用		
10	频率设定用电源	作为外接频率设定（速度设定）用电位器时的电源使用		DC 5V±0.2V 容许负载电流 10mA
2	频率设定用（电压）	如果输入 DC0～5V（或 0～10V），在 5V（或 10V）时为最大输出频率，输出与输入成正比。通过设置 Pr.73 参数进行 DC0～5V（初始设定）和 DC0～10V 输入的切换操作		输入电阻 10kΩ±1kΩ 最大容许电压 DC 20V
4	频率设定用（电流）	如果输入 DC4～20mA（或 0～5V，0～10V），在 20mA 时为最大输出频率，输出与输入成比例。只有 AU 信号为 ON 时，端子 4 的输入信号才会有效（端子 2 的输入将无效）。通过设置 Pr.267 参数进行 4～20mA（初始设定）和 DC0～5V、DC0～10V 输入的切换操作。电压输入（0～5V/0～10V）时，请将电压／电流输入切换开关切换至"V"		电流输入的情况下： 输入电阻 233±5Ω 最大容许电流 30mA 电压输入的情况下： 输入电阻 10±1kΩ 最大容许电压 DC 20V
5	频率设定公共端	频率设定信号（端子 2 或 4）及端子 AM 的公共端子，不要接地		—

表 4-4　三菱 FR-E740 系列变频器输入端子功能的分配

参数	名称	初始值	范围	功能
Pr.178	STF	60	0~5、7、8、10、12、14~16、18、24、25、60、62、65~67、9999	0：低速运行指令 1：中速运行指令 2：高速运行指令 3：第 2 功能选择
Pr.179	STR	61	0~5、7、8、10、12、14~16、18、24、25、61、62、65~67、9999	4：端子 4 输入选择 5：点动运行选择 7：外部热敏继电器输入 8：15 速选择
Pr.180	RH	0		10：变频器运行许可信号（FR-HC/FR-CV 连接） 12：PU 运行外部互锁 14：PID 控制有效端子 15：制动器开放完成信号 16：PU-外部运行切换 18：V/F 切换 24：输出停止 25：启动自保持选择 60：正转指令（只能分配给 STF 端子（Pr.178）） 61：反转指令（只能分配给 STR 端子（Pr.179）） 62：变频器复位 65：PU-NET 运行切换 66：外部—网络运行 67：指令权切换 9999：无功能
Pr.181	RM	1		
Pr.182	RL	2		
Pr.183	MRS	24		
Pr.184	RES	62	0~5、7、8、10、12、14~16、18、24、25、61、62、65~67、9999	

4.2　外部端子控制电动机点动运行

1. 西门子 MM420 系列变频器控制电动机点动运行

西门子 MM420 系列变频器控制电动机点动运行

在外部数字量端子配线时，既可以使用变频器内部 24V 直流电源，也可以使用外部直流电源。图 4-2 所示为使用 24V 内部直流电源的接线方式。接线时，注意区分源型逻辑输入和漏型逻辑输入，并且对参数 P725 进行设置。例如，源型 PNP 型和漏型 NPN 型的接法是有区别的，PNP 型的接线与图 4-2 所示的相同，并把 P725 设置为 1；而对于 NPN 型公共端应该接 9 号端子，并把 P725 设置为 0。

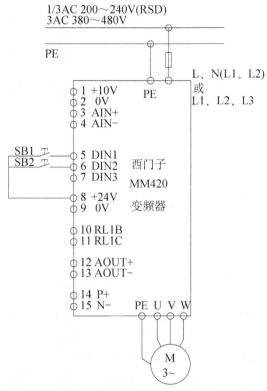

图 4-2　外部端子控制电动机点动运行接线示意图

　　思考题：试画出 NPN 型接法，使用外接 DC24V 电源，MM420 系列变频器 DIN 端子的接线图。

对于西门子 MM420 系列变频器使用外部端子实现电动机控制，此时运转指令来源于外部端子 DIN1、DIN2、DIN3、DIN4（输入电压 380～480V 的变频器可以将模拟量输入 4 号端子与电源负极端子 2 号短接，模拟量输入 3 号端子改造为 DIN4，参考图 2-9，单相 220～240V 的变频器不可以），因此变频器参数 P700 应设置为 2。

DIN1、DIN2 外部端子功能的规划可以通过 P701、P702 两个参数设置，参考表 4-2。正向和反向点动的速度可以通过 P1058、P1059 两个参数进行设置；点动加速时间和减速时间可以通过 P1060、P1061 进行设置。外部端子控制电动机点动运行参数表见表 4-5。

表 4-5　外部端子控制电动机点动运行参数表

序号	变频器参数	设定值	功能说明
1	P304	根据电动机的铭牌配置	电动机的额定电压（V）
2	P305	根据电动机的铭牌配置	电动机的额定电流（A）
3	P307	根据电动机的铭牌配置	电动机的额定功率（kW）
4	P310	根据电动机的铭牌配置	电动机的额定频率（Hz）
5	P311	根据电动机的铭牌配置	电动机的额定转速（r/min）
6	P1000	1	操作面板控制频率的升降
7	P1080	50	电动机的最小频率（0Hz）
8	P1082	50.00	电动机的最大频率（50Hz）
9	P1120	3	加速上升时间（10s）

序号	变频器参数	设定值	功能说明
10	P1121	3	加速下降时间（10s）
11	P700	2	选择指令源（由端子排输入）
12	P701	10	正向点动
13	P702	11	反向点动
14	P1058	30	正向点动频率（30Hz）
15	P1059	20	反向点动频率（20Hz）
16	P1060	10	点动加速上升时间（10s）
17	P1061	5	点动加速下降时间（5s）

注：①设置参数前，先将变频器参数复位为工厂的默认设定值。

②设定 P0003=2，允许访问扩展参数。

③设定电动机参数时先设定 P0010=1（快速调试），电动机参数设置完成后设定 P3900=1。

2. 三菱 FR-E740 系列变频器控制电动机点动运行

在 FR-E740 系列变频器配线时，既可以使用变频器内部直流电源，也可以使用外部直流电源，通过跨接器既可以接源型逻辑输入，也可以接漏型逻辑输入，如图 4-3 所示。跨接器的转换在未通电的情况下进行。输入信号出厂设定为漏型逻辑（SINK），为了切换控制逻辑，需要切换控制端子上方的跨接器，用镊子或尖嘴钳将漏型逻辑（SINK）上的跨接器转换至源型逻辑（SOURCE）上。

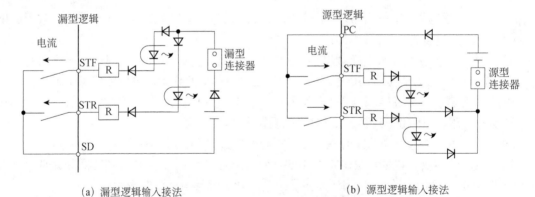

（a）漏型逻辑输入接法　　　　　　　　（b）源型逻辑输入接法

图 4-3　FR-E740 系列变频器的接线示意图

　　思考题：试画出 PNP 型接法，使用外接 DC24V 电源，FR-E740 系列变频器的接线图。

使用三菱 FR-E740 系列变频器控制电动机点动运行，同样也要考虑规划外部数字量端子点动功能、点动速度、加减速时间等。其中，将外部开关设计为点动功能，只需将外部开关所接端子对应的参数设置为 5。例如，将 RH 接入按钮设计为点动选择按钮，只需将 Pr.182 参数设置为 5，点动时的频率和加减速时间分别通过 Pr.15、Pr.16 参数设置。

4.3　外部端子控制电动机正反转

1. MM420 系列变频器外部端子控制电动机正反转

MM420 系列变频器外部端子控制电动机正反转

MM420 系列变频器外部端子控制电动机正反转运行的接线图如图 4-4 所示。需要强调的是，硬件接线和参数的设计是一一对应的，应统一规划，并且硬件操作要符合工艺和操作习惯。

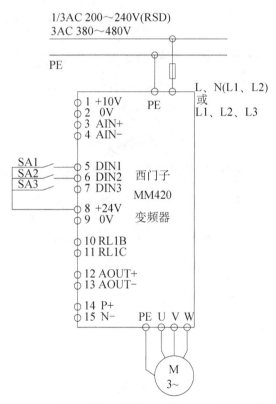

图 4-4　MM420 系列变频器外部端子控制电动机正反转运行的接线图

在图 4-4 所示电路中，开关 SA1、SA2、SA3 分别设计用于正转、反转、停车控制，这就需要对 P701、P702、P703 参数进行设置，具体参数设置见表 4-6。需要注意的是，P701 参数设置为 1，P702 参数设置为 12，P703 参数设置为 4，开关 SA3 先接通，SA1 再接通时正转；开关 SA3 先接通，SA1、SA2 再接通时正转转变为反转。如果 P703 参数不设置为 4，SA1 接通时正转，断开停止；SA1、SA2 都接通时正转。

表 4-6　MM420 系列变频器外部端子控制电动机正反转运行参数表

序号	变频器参数	设定值	功能说明
1	P304	根据电动机的铭牌进行配置	电动机的额定电压（V）
2	P305	根据电动机的铭牌进行配置	电动机的额定电流（A）
3	P307	根据电动机的铭牌进行配置	电动机的额定功率（kW）
4	P310	根据电动机的铭牌进行配置	电动机的额定频率（Hz）
5	P311	根据电动机的铭牌进行配置	电动机的额定转速（r/min）
6	P700	2	选择指令源（由端子排控制）
7	P1000	1	操作面板控制频率
8	P1080	0.00	电动机的最小频率（0Hz）
9	P1082	50.00	电动机的最大频率（50Hz）
10	P1120	3	加速时间（10s）
11	P1121	3	减速时间（10s）
12	P701	1	ON/OFF（接通正转/停车指令 1）
13	P702	12	反转
14	P703	4	OFF3（停车指令 3）按加速曲线快速停车

2. FR-E740 系列变频器外部端子控制电动机正反转

FR-E740 系列三菱变频器外部端子控制电动机正反转

使用三菱 FR-E740 系列变频器外部端子控制电动机正反转运行的接线图如图 4-5 所示。三菱 FR-E740 系列变频器正反转指令只能分配给 STF 端子和 STR 端子，这一点不像西门子 MM420 系列变频器可以进行任意规划。FR-E740 系列变频器主要参数设置见表 4-7。

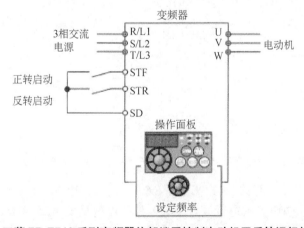

图 4-5　三菱 FR-E740 系列变频器外部端子控制电动机正反转运行的接线图

表 4-7 三菱 FR-E740 系列变频器外部端子控制电动机正反转运行主要参数表

序号	变频器参数	设定值	功能说明
1	Pr.1	50	上限频率
2	Pr.2	0	下限频率
3	Pr.3	50	基准频率
4	Pr.7	5	加速时间
5	Pr.8	5	减速时间
6	Pr.79	2	外部运行模式

注：Pr.79 参数也可以设置为 0，不过在运行前，应通过控制面板上的 PU/EXT 按钮切换为外部运行模式。

4.4 外部端子控制变频器实现电动机多段速

1. 西门子 MM420 系列变频器外部端子实现电动机多段速控制

西门子 MM420 系列变频器外部端子实现电动机多段速控制

使用西门子 MM420 系列变频器进行多段速控制时，变频器的接线图如图 4-6 所示。

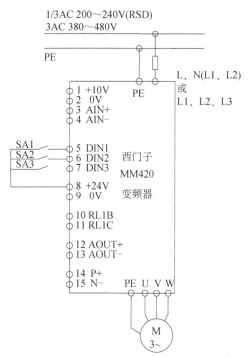

图 4-6 西门子 MM420 系列变频器多段速控制的接线图

当变频器的运转指令参数 P700=2（外部 I/O），频率给定方式参数 P1000=3（固定频率），并设置数字输入端子 DIN1、DIN2、DIN3 等相应的功能后，就可以通过外接的开关器件的组合通断改变输入端子的状态，实现对电动机速度的有级调整。这种控制频率的方式称为多段速控制。

为了实现多段速控制，应该修改 P701、P702、P703 这 3 个参数，给 DIN1、DIN2、DIN3 端子赋予相应的功能。参数 P701、P702、P703 均属于"指令，二进制 I/O"参数组，可能的设定值见表 4-2。

由表 4-2 可见，参数 P701、P702、P703 的设定值为 15、16、17 时，选择固定频率的方式确定输出频率（FF 方式）。这三种选择说明如下：

（1）直接选择（P701～P703 = 15）

在这种操作方式下，一个数字输入值对应一个固定频率。如果有几个固定频率输入同时被激活，选定的频率是它们的总和。在这种方式下，还需要一个 ON 指令才能使变频器投入运行。

（2）直接选择 + ON 指令（P701～P703 = 16）

选择固定频率时，既有选定的固定频率，又带有 ON 指令，把它们组合在一起。在这种操作方式下，一个数字输入值对应一个固定频率。如果有几个固定频率输入同时被激活，选定的频率是它们的总和，例如，FF1 + FF2 + FF3。

（3）二进制编码的十进制数（BCD 码）+ ON 指令（P701～P703 = 17）

使用这种方法最多可以组合 7 个固定频率（如果加上 3、4 号端子改造的 DIN4，可以组合 15 个固定频率），具体参数设计见表 4-8 所示，数字量端子与速度输出之间的关系见表 4-9。

表 4-8　变频器多段速控制运行参数表

序号	变频器参数	设定值	功能说明
1	P304	根据电动机的铭牌进行配置	电动机的额定电压（V）
2	P305	根据电动机的铭牌进行配置	电动机的额定电流（A）
3	P307	根据电动机的铭牌进行配置	电动机的额定功率（kW）
4	P310	根据电动机的铭牌进行配置	电动机的额定频率（Hz）
5	P311	根据电动机的铭牌进行配置	电动机的额定转速（r/min）
6	P1000	3	固定频率设定
7	P1080	0	电动机的最小频率（0Hz）
8	P1082	50.00	电动机的最大频率（50Hz）
9	P1120	3	加速上升时间（10s）
10	P1121	3	加速下降时间（10s）
11	P700	2	选择命令源（由端子排控制）
12	P701	17	固定频率设定值（二进制编码+ON 指令）
13	P702	17	固定频率设定值（二进制编码+ON 指令）
14	P703	17	固定频率设定值（二进制编码+ON 指令）
15	P1001	5.00	固定频率 1
16	P1002	−10.00	固定频率 2，反转
17	P1003	20.00	固定频率 3
18	P1004	25.00	固定频率 4
19	P1005	−30.00	固定频率 5，反转
20	P1006	40.00	固定频率 6
21	P1007	50.00	固定频率 7

表 4-9　数字量端子与速度输出之间的关系

DIN3（7 号端子）	DIN2（6 号端子）	DIN1（5 号端子）	输出频率
0	0	0	0
0	0	1	固定频率 1
0	1	0	固定频率 2
0	1	1	固定频率 3
1	0	0	固定频率 4
1	0	1	固定频率 5
1	1	0	固定频率 6
1	1	1	固定频率 7

2. 三菱 FR-E740 系列变频器外部端子实现电动机多段速控制

使用三菱 FR-E740 系列变频器控制电动机多段速运行的接线图如图 4-7 所示。三菱 FR-E740 系列变频器控制电动机多段速运行是通过 RH、RM、RL 三个端子及一个自定义端子实现的，可以实现三个直接速度控制以及组合编码的七段速和十五段速控制。需要说明的是，REX 信号输入所使用的端子，由 Pr.178～Pr.184 参数（输入端子功能选择）设定为"8"来分配功能。三个直接速度分别通过 Pr.4、Pr.5、Pr.6 参数规划进行设计，组合编码的七段速控制除了 Pr.4、Pr.5、Pr.6 三个参数外，还需要 Pr.24、Pr.25、Pr.26、Pr.27 四个参数分别规划其 4 速至 7 速的速度；组合编码的十五段速控制除上述参数外，还需要 Pr.232～Pr.239 八个参数规划其 8 速至 15 速的速度，图 4-8 所示为七段速时序图。以组合编码的七段速控制为例，则变频器主要参数设置见表 4-10。

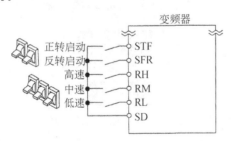

图 4-7　三菱 FR-E740 系列变频器控制电动机多段速运行的接线图

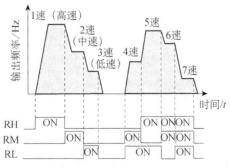

图 4-8　七段速时序图

表 4-10　三菱 FR-E740 系列变频器外部端子控制电动机七段速运行主要参数表

序号	变频器参数	设定值	功能说明
1	Pr.1	50	上限频率
2	Pr.2	0	下限频率
3	Pr.3	50	基准频率
4	Pr.4	40	3 速设定（高速）
5	Pr.5	35	3 速设定（中速）
6	Pr.6	30	3 速设定（低速）
7	Pr.24	25	4 速
8	Pr.25	20	5 速
9	Pr.26	15	6 速
10	Pr.27	10	7 速
11	Pr.7	5	加速时间
12	Pr.8	5	减速时间
13	Pr.79	2	外部运行模式

4.5　外部模拟量给定变频器频率

1. MM420 系列变频器外部模拟量给定变频器频率

MM420 系列变频器外部模拟量控制电动机运行频率

MM420 系列变频器模拟量输入端子 3 和 4 可以允许输入–10V～+10V 直流电压，常用以下两种方式：

①将变频器的 1 和 2 号端子输出的 10V 电压，通过三端电位器输送给 3 和 4 号端子，具体接线图参考图 4-1。

②外部可变的电压输入，如西门子 S7-200 PLC 模拟量扩展模块 EM235、S7-200 SMART PLC 模拟量扩展模块 AM06。

在 YL-158GA 装置上采用可调电压源给变频器的 3 和 4 号端子送入 0～10V 电压，如图 4-9 所示。

MM420 系列变频器模拟量输入端子的使用主要包括 ADC 类型定义、ADC 标定、ADC 死区宽度设置、指令源选择等几方面内容。MM420 系列变频器模拟输入通道及参数的含义如图 4-10 所示。

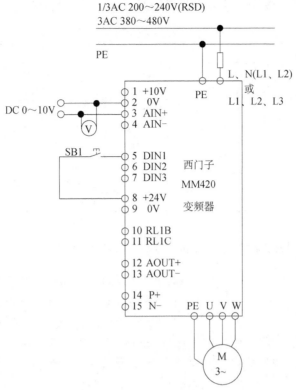

图 4-9　MM420 系列变频器外部模拟量控制电动机运行的接线示意图

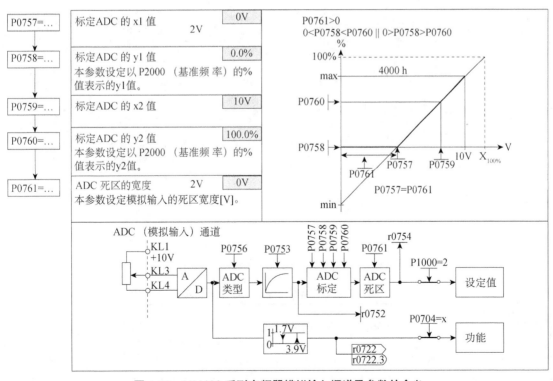

图 4-10　MM420 系列变频器模拟输入通道及参数的含义

外部模拟量控制电动机运行参数表见表 4-11。

表 4-11   外部模拟量控制电动机运行参数表

序号	变频器参数	设定值	功能说明
1	P304	根据电动机的铭牌进行配置	电动机的额定电压（V）
2	P305	根据电动机的铭牌进行配置	电动机的额定电流（A）
3	P307	根据电动机的铭牌进行配置	电动机的额定功率（kW）
4	P310	根据电动机的铭牌进行配置	电动机的额定频率（Hz）
5	P311	根据电动机的铭牌进行配置	电动机的额定转速（r/min）
6	P1000	2	模拟量输入
7	P700	2	选择指令源（由端子排控制）
8	P701	1	ON/OFF（接通正转/停车指令1）

2. FR-E740 系列变频器外部模拟量控制电动机运行频率

三菱变频器外部模拟量控制
电动机运行频率

使用 FR-E740 系列变频器外部模拟量控制电动机运行频率的接线图如图 4-11 所示。通过电位器给定一个 0～10V（或 0～5V）电压信号，使用 0～10V 的电压信号还是 0～5V 的电压信号可以通过 Pr.73 参数进行设定，见表 4-12。其参数设定主要考虑运行模式规划、按钮功能设计等，前文已经介绍，在此不再详述。

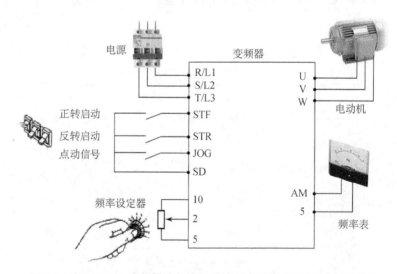

图 4-11   FR-E740 变频器外部模拟量控制电动机运行频率的接线图

表 4-12   外部模拟量输入选择参数表

参数编号	名称	初始值	范围	含义
Pr.73	模拟量输入选择	1	0	0～5V，不可逆
			1	0～10V，不可逆
			10	0～5V，可逆
			11	0～10V，可逆

4.6　PLC 与变频器联机控制电动机运行

1. PLC 控制变频器外部端子的电动机点动、正反转运行

1）PLC 与变频器接线

除了通过手动开关实现对电动机正反转控制外，还可以通过 PLC 实现自动控制。控制要求，SB 断开为点动调试模式，按下正转按钮，电动机点动正转，按下反转按钮，电动机点动反转。SB 闭合，按下正转按钮，电动机连续正转，按下反转按钮，电动机连续反转。PLC 输入/输出（I/O）分配表见表 4-13，接线原理图如图 4-12 所示。

表 4-13　PLC 输入/输出分配表（一）

输入	说明	输出	说明
I0.0	变频器正转（SB1）	Q0.0	正转（DIN1）
I0.1	变频器反转（SB2）	Q0.1	反转（DIN2）
I0.2	变频器停止（SB3）	Q0.2	停止（DIN3）
I0.3	选择开关		

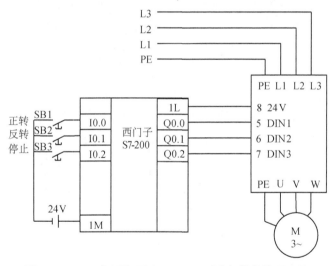

图 4-12　PLC 与西门子 MM420 系列变频器接线原理图

2）参数设置及 PLC 程序设计

参数设置与前文介绍的外部端子控制电动机正反转运行相同，参考表 4-6。也可以将 P702 的参数 12 改为 2，其他不变，采用如图 4-13 所示的 PLC 参考程序。

2. 基于 PLC 控制变频器外部端子的电动机多段速运行

1）PLC 与变频器接线

针对 2015 年全国职业院校技能大赛"现代电气控制系统安装与调试"赛项的试题（调试模式中，货物传送带电动机 M1 调试过程要求：按下启动按钮 SB1 后，电动机 M1 以 15Hz 启动，再按下 SB1 按钮 M1 电动机 30Hz 运行，再按下 SB1 按钮 M1 电动机 45Hz 运行，整个过程中

按下停止按钮 SB2，M1 停止），通过 PLC 实现自动变速控制。控制要求，连续点动按钮 SB1，电动机速度按照表 4-8 的频率循环切换；按下 SB2 按钮，电动机停止运行。PLC 输入/输出分配表见表 4-14，具体接线图如图 4-14 所示。

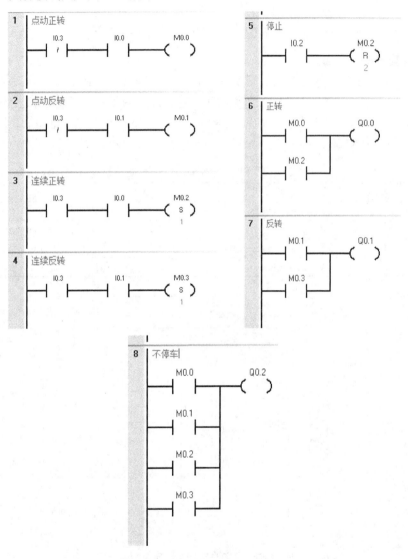

图 4-13　PLC 参考程序（一）

表 4-14　PLC 输入/输出分配表（二）

输入	说明	输出	说明
I0.0	变频器频率切换	Q0.0	DIN1
I0.1	变频器停止	Q0.1	DIN2
		Q0.2	DIN3

2）参数设置及 PLC 程序设计

参数设置与前文介绍的外部端子控制电动机正反转运行相同，参考表 4-8，这里不再详述。PLC 参考程序如图 4-15 所示。

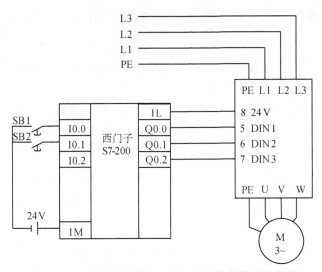

图 4-14　PLC 与西门子 MM420 系列变频器的接线图

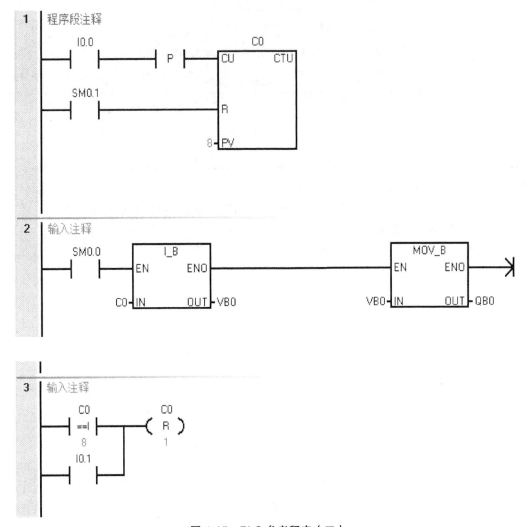

图 4-15　PLC 参考程序（二）

3. 基于 PLC 模拟量方式的变频器开环调速控制

西门子 S7-200 SMART PLC 和 EM AM06 模拟量扩展模块控制西门子 MM420 系列变频器，将在单元 5 的实训任务 3 中详细介绍，此处仅介绍三菱 PLC 模拟量控制三菱 FR-E740 变频器。

1）PLC 与变频器接线

采用 FX3U 系列 PLC 和 FX3U-2DA 模块，将 PLC 内数字量转化为 0～5V 的模拟量，送到 FR-E740 系列变频器，控制电动机的转速，具体接线图如图 4-16 所示，PLC 输入/输出分配表见表 4-15。

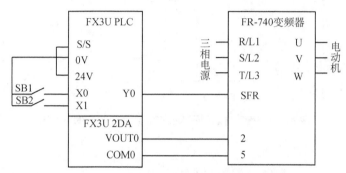

图 4-16　PLC 与 FR-740 系列变频器的接线图

表 4-15　PLC 输入/输出分配表（三）

输入	说明	输出	说明
X000	电动机正转（SB1）	Y000	正转/停车（DIN1）
X001	电动机停车	VOUT0	模拟量正
		COM0	模拟量负

2）参数设计与 PLC 程序设置

FR-E740 系列变频器参数设置与前文介绍的外部模量控制电动机调速运行相同，这里不再详述。PLC 参考程序如图 4-17 所示。

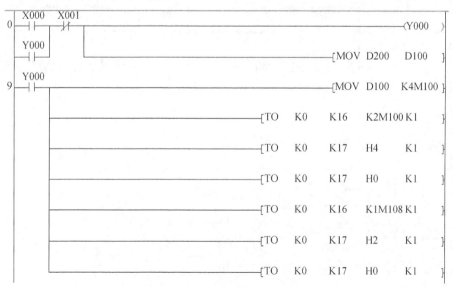

图 4-17　PLC 参考程序（三）

在 YL-158GA 装置或 YL-335B 装备中选用西门子 MM420 系列变频器或三菱 FR-E740 系列变频器，在 815Q 设备中选用三菱 FR-D720S 变频器，或选用其他设备。本单元以 YL158-GA 或亚龙 YL-335B 为例选用以下器材。

①西门子 MM420 系列变频器或三菱 FR-E740 变频器，每组 1 台。

②380V 三相交流异步电动机，额定功率为 60W，额定电压为 380V，额定电流为 0.38A/0.66A，额定转速为 1400r/min。

③维修电工常用工具，每组 1 套。

④对称三相交流电源，线电压为 380V，每组 1 组。

实训任务 1　外部端子控制变频器实现电动机点动运行

1. 实训目的

（1）掌握变频器的外部端子控制实现电动机点动运行参数的设置方法。

（2）会进行变频器的电气接线，熟悉外部端子控制变频器实现电动机点动运行的使用方法。

2. 实训步骤

（1）变频器的接线

参考图 4-2 绘制西门子 MM420 系列变频器外部端子控制电动机点动运行电气接线原理图；参考图 4-3 绘制三菱 FR-E740 系列变频器外部端子控制电动机点动运行电气接线原理图。

（2）参数设定

参考表 4-5 列出西门子 MM420 系列变频器外部端子控制电动机点动运行参数表，列出三菱 FR-E740 系列变频器外部端子控制电动机点动运行参数表。

（3）操作步骤

a. 检查实训设备中器材是否齐全。

b. 按照变频器外部接线图完成变频器的接线，认真检查，确保正确无误。

c. 接通电源，按照运行参数表正确设置变频器参数。

d. 按下点动按钮 SB1，观察并记录电动机的运转情况。

e. 松开按钮 SB1，待电动机停止运行后，按下按钮 SB2，观察并记录电动机的运行情况。

思考题：

1. 改变 P1058、P1059 参数的值，观察电动机运转状态有什么变化？

2. 改变 P1060、P1061 参数的值，观察电动机运转状态有什么变化？

实训任务 2　外部端子控制变频器实现电动机正反转

1. 实训目的

（1）掌握变频器的外部端子控制实现电动机正反转的参数设置方法。

（2）熟悉外部端子控制变频器实现电动机正反转的使用方法，会进行变频器的电气接线。

2. **实训步骤**

（1）变频器的接线

参考图 4-4 绘制出西门子 MM420 系列变频器外部端子控制电动机正反转运行电气接线原理图；参考图 4-5 绘制出三菱 FR-E740 系列变频器外部端子控制电动机正反转运行电气接线原理图。

（2）参数设定

参考表 4-6 列出西门子 MM420 系列变频器外部端子控制电动机正反转运行参数表；参考表 4-7 列出三菱 FR-E740 系列变频器外部端子控制电动机正反转运行参数表。

3. **操作步骤**

a. 检查实训设备中器材是否齐全。

b. 按照变频器接线原理图完成变频器的接线，认真检查，确保正确无误。

c. 接通电源，按照运行参数表正确设置变频器参数。

d. 闭合开关 SA1、SA3，观察并记录电动机的运行情况。

e. 按下操作面板上的按钮"⬤"，增加变频器输出频率。

f. 闭合开关 SA1、SA2、SA3，观察并记录电动机的运行情况。

g. 打开开关 SA3，观察并记录电动机的运行情况。

思考题：

如果先合上 SA1、SA2，最后合上 SA3，变频器为什么不运转？

实训任务 3　外部端子控制变频器实现电动机多段速运行

1. **实训目的**

（1）掌握外部端子控制变频器实现电动机多段速运行的参数设置方法。

（2）熟悉外部端子控制变频器实现电动机多段速运行的使用方法，会进行变频器的电气接线。

2. **实训步骤**

（1）变频器的接线

参考图 4-6 绘制出西门子 MM420 系列变频器外部端子控制电动机多段速运行电气接线原理图；参考图 4-7 绘制出三菱 FR-E740 系列变频器外部端子控制电动机多段速运行电气接线原理图。

（2）参数设定

参考表 4-8 列出西门子 MM420 系列变频器外部端子控制电动机多段速运行参数表；参考表 4-10 列出三菱 FR-E740 系列变频器外部端子控制电动机多段速运行参数表。

（3）操作步骤

a. 检查实训设备中器材是否齐全。

b. 按照变频器接线原理图完成变频器的接线，认真检查，确保正确无误。

c. 接通电源，按照参数表正确设置变频器参数。

d. 切换开关 SA1、SA2、SA3 的通断，观察并记录变频器的输出频率（各个固定频率的数值根据表 4-9 选择）。

实训任务 4　变频器外部模拟量端子控制电动机转速

1. 实训目的

（1）掌握变频器外部模拟量端子控制电动机转速参数的设置方法。

（2）熟悉变频器外部模拟量端子控制电动机转速的使用方法，会进行变频器的电气接线。

2. 实训步骤

（1）变频器的接线

参考图 4-9 绘制出西门子 MM420 系列变频器外部模拟量端子控制电动机转速的电气接线原理图；参考图 4-11 绘制出三菱 FR-E740 系列变频器外部模拟量端子控制电动机转速的电气接线原理图。

（2）参数设定

参考表 4-11 列出西门子 MM420 系列变频器外部模拟量端子控制电动机转速的参数表；参考表 4-12 列出三菱 FR-E740 系列变频器外部模拟量端子控制电动机转速的参数表。

3. 操作步骤

a. 检查实训设备中器材是否齐全。

b. 按照变频器接线原理图完成变频器的接线，认真检查，确保正确无误。

c. 接通电源，按照参数表正确设置变频器参数。

d. 闭合开关 SB1，启动变频器。

e. 调节输入电压，观察并记录电动机的运行情况。

f. 断开开关 SB1，停止变频器。

 单元拓展

问题情境：在生产设备技术改造时，往往会遇到提高速度调节精度这一指标要求，以满足生产工艺的需要。要想提高速度的调节精度，最简单的办法就是选用分辨率更高的速度给定，如 PLC 模拟量模块。

工程情境：学校原洗衣房有一台三相异步电动机拖动的脱水机，如图 4-18 所示。手动控制，直接启动，启动困难，噪声大。计划改造为变频器驱动，按照经济适用的原则，通过端子控制启停，三端电位器给定频率的无级调速运行。请在 YL-158GA 装置上选择合适的电气元器件（外加 4.7kΩ 三端电位器，所选电动机的铭牌见图 4-19），模拟调试实现要求。

要求：

（1）绘制电气接线原理图。

（2）设置变频器参数。

图4-18　脱水机

图4-19　三相异步电动机的铭牌

单元 5　变频器高级应用操作

本单元教学课件

　　本单元以变频器 PID 控制电动机恒速运转和 PLC 通信控制为学习内容，通过对变频器 PID 控制原理、西门子 USS 通信协议、三菱 RS-485 通信协议、Modbus 通信协议的学习，使学生了解 PID 控制原理和通信原理，掌握变频器的 PID 参数和通信协议参数。

　　1. 知识目标

　　（1）了解变频器的 PID 控制。

　　（2）了解西门子变频器的 USS 通信协议、三菱 RS-485 通信协议和 Modbus 通信协议。

　　（3）了解 PLC 控制变频器的工作原理。

　　2. 技能目标

　　（1）会设置 PID 参数和通信参数。

　　（2）能编写通过通信控制变频器的 PLC 程序。

5.1　变频器 PID 调速控制

1. 变频器 PID 调速控制基本知识

　　企业在生产中，往往需要有稳定的压力、温度、流量、液位或转速，以此作为保证产品质量、提高生产效率、满足工艺要求的前提，这就要用到变频器的 PID 控制功能。PID 控制功能是变频器应用技术的重要领域之一，也是变频器发挥其卓越效能的重要技术手段。

　　PID（Proportion Integral Derivative）控制就是比例、积分、微分控制，是闭环控制中的一种常见形式，反馈信号取自拖动系统的输出端，当输出量偏离所要求的给定值时，反馈信号就会成比例的变化。在输入端，给定信号与反馈信号相比较，存在一个偏差值。对该偏差值，经过 PID 调节，变频器通过改变其输出频率，迅速、准确地消除拖动系统的偏差，恢复到给定值，振荡和误差都比较小。下面以变频器恒压供水系统为例介绍 PID 控制原理和功能。

1）PID 闭环控制原理

将被控量的检测信号（即由传感器测得的实际值）反馈到变频器，并与被控量的目标信号相比较，以判断是否已经达到预定的控制目标。如尚未达到，则根据两者的差值进行调整，直至达到预定的控制目标为止。变频器恒压供水系统 PID 闭环控制原理示意图如图 5-1 所示。

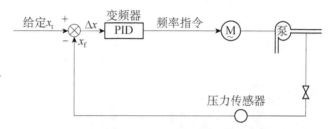

图 5-1　变频器恒压供水系统 PID 闭环控制原理示意图

2）PID 控制功能

（1）比较与判断功能

首先为 PID 给定一个电信号 x_t（目标信号），该给定信号对应着系统的给定压力 p_P，当压力传感器将供水系统的实际压力 p_X 转变成电信号 x_f，送回 PID 的输入端，PID 首先将它与目标信号 x_t 相比较，得到的偏差信号为 Δx，即

$$\Delta x = x_t - x_f$$

$\Delta x > 0$：给定值>供水压力，在这种情况下，水泵应升速。Δx 越大，水泵的升速幅度越大。

$\Delta x < 0$：给定值<供水压力，在这种情况下，水泵应降速。$|\Delta x|$ 越大，水泵的降速幅度越大。

如果 Δx 的值很小，反应就可能不够灵敏。另外，不管控制系统的动态响应多么好，也不可能消除静差。这里的静差是指 Δx 不可能完全降到 0，而始终有一个很小的静差存在，从而使控制系统出现了误差。

（2）P（比例）功能

P 功能就是将 Δx 的值按比例进行放大（放大 P 倍），这样，尽管 Δx 的值很小，但是经过放大后再来调整水泵的转速也会比较准确、迅速。放大后，Δx 的值大大增加，静差 s 在 Δx 中占的比例也相对减小，从而使控制的灵敏度增大，误差减小。

（3）I（积分）功能

放大倍数 P 越大，调节灵敏度越高，但由于传动系统和控制电路都有惯性，调节结果在达到最佳值时不能立即停止，这样就导致了"超调"；然后反过来调整，再次超调，形成振荡。I 功能就是对偏差信号 Δx 取积分后再输出，其作用是延长加速和减速的时间，以缓解因 P 功能设置过大而引起的超调。P 功能与 I 功能相结合，就是 PI 功能。

（4）D（微分）功能

D 功能就是对偏差信号 Δx 取微分后再输出。

3）变频器的内置 PID 功能

PID 闭环运行，必须首先选择在 PID 闭环功能有效的情况下，变频器按照给定值和反馈值进行 PID 调节。PID 调节是过程控制中应用得十分普遍的一种控制方式。它是使控制系统的被控物理量能够迅速而准确地接近于控制目标的基本手段。

（1）给定值（又称为设定值）

给定值是与被控物理量的控制目标对应的信号。在 PID 控制方式中，给定值指的是对测量值全范围中确定符合现场控制要求的一个数值，并以该数值为目标值，使系统最终稳定在此值的水平上或范围内，并且越接近越好。

设定值的给定方式主要有以下两种：一种是通过变频器的模拟量输入端给定，其给定信号可以是电压信号，也可以是电流信号；另一种是面板给定，即直接通过面板上的键盘来给定。例如，在供水系统中所选用传感器的测量范围是 0～1MPa，而须保持 0.7MPa 的压力，因此 0.7MPa 就是给定值（即设定值）。它可用 FR-E740 系列变频器模拟量给定，即在外部操作模式时对变频器 2、5 端子间施加对应的 3.5V（5×70%=3.5V）电压；也可在参数中给定，令 P133=70%（仅限于 PU 和 PU/EXT 模式下有效）。当系统未达到设定压力时，水泵以上限频率 f_H 运行；而达到或超过设定压力时，水泵降速或停止运行。

另外，给定信号的大小和所选传感器的量程有关。给定信号的大小由传感器量程的百分数表示。例如，当目标压力为 0.7MPa 时，如所选压力传感器的量程为 0～1.0MPa（4～20mA 电流输出），则对应于 0.7MPa 的给定值为 70%；如所选压力传感器的量程为 0～5.0MPa（4～20mA 电流输出），则对应于 0.7MPa 的给定值为 14%。

（2）反馈值

反馈值是通过现场传感器测量的与被控物理量的实际值对应的信号。PID 调节功能将随时对给定值和反馈值进行比较，以判断是否已经达到预定的控制目标。具体来说，它将根据两者的差值，利用比例 P、积分 I、微分 D 的手段对被控物理量进行调整，直至反馈值和给定值基本相等，以达到预定的控制目标为止。因各控制系统的结构特征不同，况且也很难计算出 PID 的准确数值，故而需对变频器中默认的 PID 参数进行再调整。

为调试简便起见，一般在供排水、流量控制系统中只须用 P、I 控制即可，D 控制的参数较难确定，它容易和干扰因素混淆，在此类场合也无必要。

PI 参数中，P 功能是最为重要的。定性的讲，由于 $P=1/K_p$，所以 P 值越小系统的反应越快，但过小的话会引起振荡而影响系统的稳定，它起到稳定测量值的作用。

而 I 功能是为了消除静差，即使测量值接近设定值，原则上 I 值不宜过大。试运行时可于在线条件下边观察测量值的变化边反复调节 P、I 参数，直至测量值稳定并与设定值接近为止。

2. 西门子 MM420 系列变频器 PID 控制应用

1）西门子 MM420 系列变频器 PID 控制接线

在亚龙 PLC 可编程控制器实训装置或天煌 THPFSM-2 型多功能网络型可编程控制器综合实训装置上，通过西门子 MM420 系列变频器 PID 内置功能实现电动机调速，选用旋转编码器和智能仪表作为反馈装置，反馈信号通过模拟量输入口进入变频器，给定速度通过 BOP 设定。西门子 MM420 系列变频器 PID 控制接线图如图 5-2 所示。

2）参数设置

（1）MM420 系列变频器闭环 PI 控制

用户可以使用 MM420 系列变频器内置的 PI 控制器进行闭环控制。一旦使能 PI 控制器（P2200：PI 参数使能），则 PI 控制器的输出调节变频器的输出频率，使 PI 设定值和 PI 反馈值之间的差值最小，通过连续比较反馈值和设定值并使用 PI 控制器可决定电动机的运行频率。

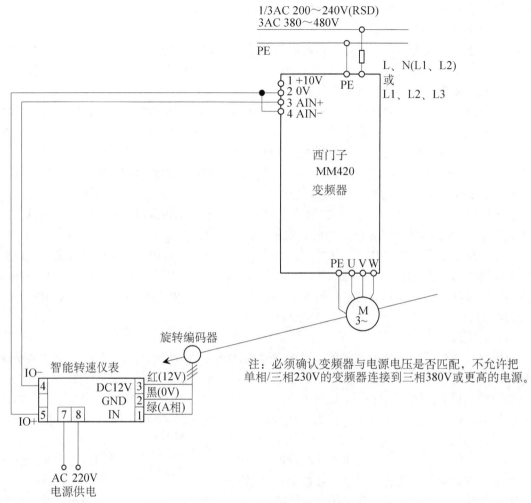

图 5-2　西门子 MM420 系列变频器 PID 控制接线图

一旦使能 PI 控制器，频率设定参数 P1000 和加速时间 P1120、P1121 则自动失效，而下限频率参数（P1080）和上限频率参数（P1082）的设定仍然有效。

（2）设置 PI 控制器

P2200 为 PI 控制器使能参数。长期使能则把 P2200 设置为 1，也可以通过数字量输入端子（或者 BICO 功能）使能 PI 控制器。例如，设置数字量输入端 DIN2 为使能 PI 控制器，设置的参数为 P0702=99、P2200=722.1，变频器不运行时用户可以用它在频率控制和 PI 控制器之间做切换。

（3）PI 反馈信号

PI 控制需要现场的反馈信号来监控系统的运行情况，对于大多数应用来说，反馈信号是传感器输出的模拟信号。

MM420 系列变频器有一个模拟量输入端子，反馈信号可以连接到该输入端子。PI 控制器反馈信号源的定义是把 P2264 设置为 755（PI 反馈信号源为模拟量输入 1）。如果模拟量输入需要标定，则须设置参数 P0757～P0760 的值。如果使用不同的反馈信号源（如 USS 通信），则需要正确地设置参数 P2264 的值。反馈信号值的大小由参数 r2266 监控。参数 P2271（PI

变送器类型）定义了传感器信号和 PI 控制器改变电动机频率模式之间的关系。参数 P2271 有两个可能设置的值，即 0 和 1。0 和 1 的区别是当设定值和反馈值之间的差值为正时（如反馈信号值小于设定值），PI 控制器的输出是增加频率还是减少频率。

（4）PI 设定值

PI 控制器通过比较系统实际状态（反馈信号）和期望的系统状态来控制变频器的输出频率，设定值定义了期望系统状态，参数 P2253 为设定源。MM420 系列变频器只有一个模拟量输入，多数情况下它用作反馈信号，因此使用内部的数字作为设定值。有两种方法可以设定，一种是固定 PI 设定，另一种是面板（电动电位计）设定。需要指出的是，这个值是百分比而不是频率，而变频器的运行频率是由设定值与反馈值信号值之间的差值经过 PI 调解决定的。

方式一：P2253=2224，固定 PI 设定值，选择二进制信号或者数字输入来设定参数 P2201～P2207，则最多可定义 7 个设定值。

方式二：P2253=2250，面板（电动点位计）设定值，允许用户在参数 P2240 中设定一个固定值。可以由面板上的按键或数字输入端子（如 P0702=13，增加；P0703=14，减少）来增加或减少设定值。

（5）PI 设定值与加减速时间

当参数 P2200 使能 PI 控制器时，正常频率的加速时间和减速时间（P1120 和 P1121）将旁路。PI 设定值有自己的加速时间 P2257 和 P2258，允许 PI 设定值按照加/减速时间变化。

当 PI 设定值改变或者发出启动命令时，则加速时间 P2257 被激活，只有 PI 设定值改变后减速时间 P2258 才有效。P1121 设定 OFF1 指令的减速时间，P1135 设定 OFF3 指令的减速时间。

（6）PI 控制器的比例系数和积分时间常数

通过调节比例系数 P2280 和积分时间常数 P2285 来调整 PI 控制器的性能，以适应现场过程的需要。过程的需求将决定最佳类型的响应，包括从带超调的快速恢复响应到阻尼响应。通过调节 P 和 I 参数可以实现不同类型的响应。

电动机频率和 PI 控制数量由参数 P2280 和 P2285 的值决定，优化控制过程时建议使用示波器监控反馈信号来察看系统的响应过程。可以把参数 P0771 设置为 2266，用模拟量输出的方法来监控。大多数使用小的不带加减速时间（P2257=P2258=0）的 PI 设定值的变化（1%～10%）去评测系统响应。如果达到了期望的响应，则再去设定加减速时间。如果没有示波器进行系统优化，建议设置小的比例系数（如 P2280=0.20），并调节积分时间常数，直到系统达到稳定；然后较小地改变 PI 设定值，根据变化趋势调节参数值的大小。通常，使用比例系数和积分时间常数来实现大多数系统的稳定，如果系统易受干扰，建议比例系数（P2280）的值不要大于 0.50。

（7）PI 输出限制

PI 控制器产生的是变频器的运行频率，它的输出是百分比数值，可以由参数 P2000 换算为频率。用户可以用参数 P2291 和 P2292 来限制控制器的输出范围。然而，如果变频器只是运行在定义的最小（P1080）和最大（P1082）频率之间，那么 PI 控制器的输出限制可以进一步限制输出频率。一旦输出达到某一限制，则位 53.A 或者 53.B 通过参数 P0731 连接到数字输出或是由 BICO 功能用于内部控制目的。

如果最大频率（P1082）大于 P2000 的值，那么应该调节 P2000 或者 P2291 的值以达到最大频率。设定 P2292 为负值以允许 PI 控制器双极性运行。

西门子 MM420 系列变频器 PID 控制主要参数设定见表 5-1。

表 5-1　西门子 MM420 系列变频器 PID 控制主要参数设定

序号	变频器参数	设定值	功能说明
1	P0304	根据电动机的铭牌进行配置	电动机的额定电压（V）
2	P0305	根据电动机的铭牌进行配置	电动机的额定电流（A）
3	P0307	根据电动机的铭牌进行配置	电动机的额定功率（kW）
4	P0310	根据电动机的铭牌进行配置	电动机的额定频率（Hz）
5	P0311	根据电动机的铭牌进行配置	电动机的额定转速（r/min）
6	P1080	0.00	电动机的下限频率（0Hz）
7	P1082	50.00	电动机的上限频率（50Hz）
8	P1120	3	加速上升时间（10s）
9	P1121	3	加速下降时间（10s）
10	P0700	1	操作面板设置
11	P2200	1	允许 PID 控制器投入
12	P2240	25	PID-MOP 的设定值
13	P2253	2250	PID 设定值信号源（已激活的 PID 设定值）
14	P2264	755	PID 反馈信号（模拟输入 1 设定值）
15	P2280	0.2	PID 比例增益系数
16	P2285	0.15	PID 积分时间

注：①设置参数前先将变频器参数复位为工厂的默认设定值。

②设定 P0003=2，允许访问扩展参数。

③设定电动机参数时先设定 P0010=1（快速调试），电动机参数设置完毕再设定 P0010=0（准备）。

④如电动机运行不平稳，请调节变频器参数 P2280、P2285，改变 PID 参数直到电动机运行平稳为止。

3. 三菱 FR-E740 系列变频器 PID 控制应用

1）三菱 FR-E740 系列变频器 PID 控制接线

浴室补水泵主要为员工提供洗澡用水，原设计为普通的接触器控制。无论用水量大小水泵都满负荷运行，这样在用水量小的情况下，会导致浴室供水压力过高，也浪费电能。由于车间工作人员是倒班作业，洗澡时间并不是很集中，一天需要进行几次送水且洗澡人数不定。鉴于此种情况，将补水泵的控制系统改为变频器控制。西门子 FR-E740 系列变频器 PID 控制接线图如图 5-3 所示。在供水管道上安装压力传感器，将监测到的压力值转换为 4～20mA 的电信号作为反馈信号。根据浴室的用水压力大小来设定压力值作为给定值，变频器内置调节器作为压力调节器，调节器将来自压力传感器的压力反馈信号与出口压力给定值比较运算，其结果作为频率指令输送给变频器，调节补水泵的转速使出口压力恒定。

2）参数设定

（1）端子功能参数

①Pr.182：RH 端子功能的选择。先将其数字量输入端子中的一个端子设置为 PID 控制选择功能；然后，在该端子处外接开关，并将其端子对应的功能设计参数设为 14，执行 PID 控制运行。当 RH=ON 时，执行 PID 控制；而当 RH=OFF 时，为通常的变频器运行。

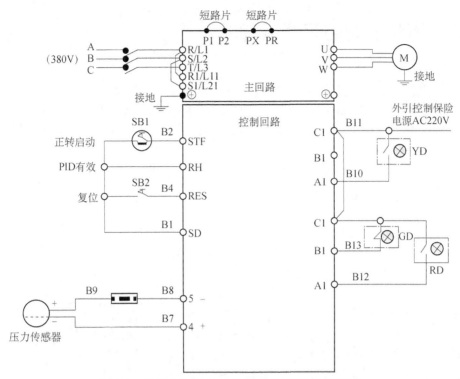

图 5-3 三菱 FR-E740 系列变频器 PID 控制接线图

②Pr.195：A1、C1 端子功能选择。当 Pr.195=99 时，故障输出 A1、C1 触点。

③Pr.196：A2、C2 端子功能选择。当 Pr.196=0 时，运行输出。

④Pr.267：端子 4 输入选择。当 Pr.267=0 时，输入为 4～20mA 信号。

（2）运行参数

①Pr.128，PID 动作的选择。此参数用于设定 PID 正反动作的选择，见表 5-2。

表 5-2　PID 控制选择参数及说明

参数号	设定值	名称	说明		
Pr.128	10	选择 PID 控制	对于加热、压力等控制	偏差量信号输入端子 "1"	PID 负反馈
	11		对于冷却等控制		PID 正反馈
	20		对于加热、压力等控制	测量量信号输入端子 "4"	PID 负反馈
	21		对于冷却等控制		PID 正反馈

②Pr.133：PID 目标设定。取值范围为 0～100%，根据实际情况进行设定，此处取 25。

③Pr.882：制动回避动作选择，默认值为 1。当设置为 0，再生回避功能无效；当设置为 1，再生回避功能有效；当设置为 2，仅在恒速运行时，再生回避功能有效。

④Pr.883：减速时检测母线电压敏感度，设置再生制动动作的母线电压水平。如果将母线电压水平设定低了，则不容易发生过电压错误，但实际减速时间会延长，一般将设定值设为高于电源电压 $\sqrt{2}$ 倍的值。

⑤C5：端子 4 频率设定（偏置频率），默认值为 0。

⑥C6：端子 4 频率设定（偏置），默认值为 20%。

⑦C7：端子 4 频率设定（增益），默认值为 100%。

5.2 通信控制变频器运行

对于大规模自动化生产线，变频器数量较多，电动机分布距离不一致。使用 RS-485 通信控制，仅通过一条通信电缆连接，就可以完成变频器的启动、停止和频率设定，并且很容易实现多电动机之间的同步运行。这种系统成本低，信号传输距离远，抗干扰性强。PLC 通信控制变频器架构如图 5-4 所示。

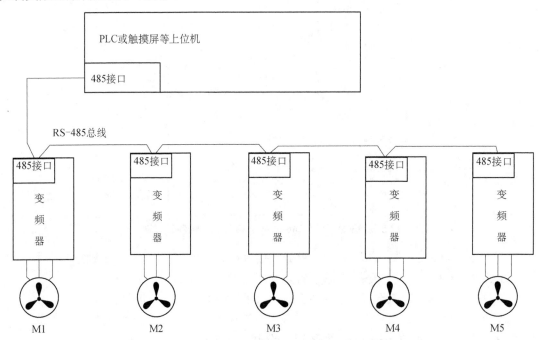

图 5-4 PLC 通信控制变频器架构

1. 西门子 S7-200 SMART 与 MM420 系列变频器的 USS 通信

1）USS 协议简介

通用串口接口协议（Universal Serial Interface Protocol，USS）是西门子公司所有传动产品的通用协议，它是一种基于串行总线进行数据通信的协议。USS 协议是主-从结构的协议，规定了在 USS 总线上可以有一个主站和最多 31 个从站；总线上的每个从站都有一个站地址（在从站参数中设定），主站依靠它识别每个从站；每个从站也只对主站发来的报文做出响应并回送报文，从站之间不能直接进行数据通信。另外，还有一种广播通信方式，主站可以同时给所有从站发送报文，从站在接收到报文并做出相应的响应后，可不回送报文。

2）硬件接线

硬件接线见图 5-5，两芯屏蔽线一端连接西门子 MM420 系列变频器的 14 号和 15 号端子，另一端通过网络连接器（DP 头）连接 PLC 9 针串口 PORT 的 3 和 8 引脚，即 3 接 14，8 接 15（B 为红色线，A 为绿色线）。网络连接器中终端电阻可以通过拨动开关接入电路，它的作用是用来防止信号反射的，并不用来抗干扰。如果通信距离较近、波特率很小或点对点的情况下，可不用接入终端电阻。多点通信的情况下，一般也只需要在 USS 主站上加上终端电阻就可以取得较好的通信效果。

3）变频器参数设置

变频器 USS 通信涉及的参数及功能说明见表 5-3。

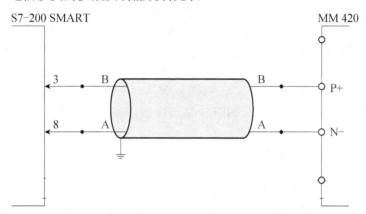

图 5-5　硬件接线

表 5-3　变频器 USS 通信涉及的参数及功能说明

序号	变频器参数	设定值	功能说明
1	P700	5	选择指令源（COM 链路的 USS 设置）
2	P1000	5	选择频率源（COM 链路的 USS 设置）
3	P1080	0.00	电动机的最小频率（0Hz）
4	P2010	6	USS 波特率（6 表示 9600bps）
5	P2011	0	站地址
6	P2012	2	PZD 长度
7	P2013	127	PKW 长度（可变）
8	P2014	0	看门狗时间

4）USS 通信的 PLC 编程

打开西门子 S7-200 SMART PLC 的编程软件 STEP 7-MicroWin SMART，组态"系统块"中的"RS-485 端口"，与变频器的波特率对应，一般采用默认值 9.6Kbps。

西门子 S7-200 PLC 的编程软件 STEP 7-MicroWin V4.0 需要购买和安装 USS 指令库，STEP 7-MicroWin SMART 自带 USS 指令库。USS 指令库中的指令如图 5-6 所示。USS 指令在 USS 通信中，PLC 作为主站，变频器作为从站。

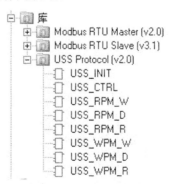

图 5-6　USS 指令库中的指令

（1）USS_INIT 指令

USS_INIT 指令格式如图 5-7（a）所示，用于启用、初始化或禁用与西门子变频器的通信。在使用任何其他 USS 指令之前，必须执行 USS_INIT 指令且无错。该指令执行完成后，立即置位"完成"（Done）位，然后继续执行下一条指令。要更改初始化参数，请执行新的 USS_INIT 指令。

EN：输入，以脉冲方式，一般在首次扫描时执行一次 USS_INIT 指令。

Mode：为 1 时启用 USS 协议，为 0 时将端口分配给 PPI 协议并禁用 USS 协议。

Baud：将波特率设置为 1200、2400、4800、9600、19200、38400、57600 或 115200 bps，程序中波特率设为 9600bps。

Port 端口：设置物理通信端口（0：CPU 中集成的 RS-485；1：可选 CM01 信号板上的 RS-485 或 RS-232）。

Active 激活：指示激活的变频器。有些变频器仅支持地址 0～30。如果要激活的变频器的地址为 N（N=0～31），令双字 Active 的第 N 位为 1，可以同时激活多台变频器。用十六进制表示，和二进制的转化关系是用 4 位二进制数表示 1 位十六进制数。如果想激活地址为 P2011=00 的变频器，Active 设置为 16#1（不是 16#0）；如果要将 32 台变频器都激活，Active 设置为 16#FFFFFFFF。

Done：指令执行完后，输出位被立即置位。

Error：输出字节 Error 为协议执行的错误代码。

（2）USS_CTRL 指令

USS_CTRL 指令格式如图 5-7（b）所示，该指令用于控制激活的变频器。USS_CTRL 指令将所选指令放置到通信缓冲区中，如果已在 USS_INIT 指令的"激活"（Active）参数中选择变频器，该指令随后将发送到这一被寻址的变频器。

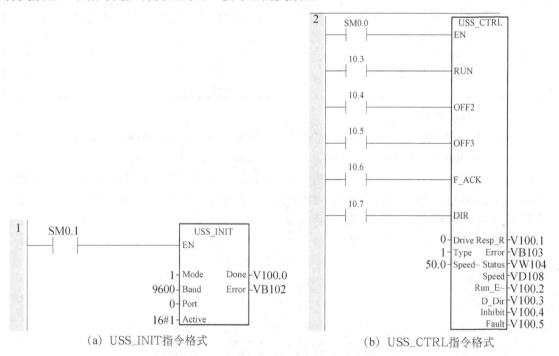

（a）USS_INIT指令格式　　　　（b）USS_CTRL指令格式

图 5-7　USS_INIT 和 USS_CTRL 指令

RUN：控制变频器是接通（1）还是关闭（0）。当"运行"（RUN）位接通时，变频器收到一条命令，以指定速度和方向开始运行。为使变频器运行，必须同时符合以下条件。

变频器在 USS_INIT 中必须选为"激活"（Active）；"OFF2"和"OFF3"必须设置为 0；"故障"（Fault）和"禁止"（Inhibit）必须为 0；当"RUN"关闭时，会向变频器发送一条指令，将速度降低，直至电动机停止；"OFF2"用于允许变频器自然停止；"OFF3"用于变频器快速停止。

F_ACK：故障确认，确认变频器发生故障的位。当"F_ACK"从 0 变为 1 时，变频器将清除"故障"（Fault）位。

DIR：控制电动机的旋转方向。

Type：MM420 系列变频器的类型为 1。

Drive：变频器的站地址（0～31）。

Speed_SP：用组态的基准频率的百分数表示的频率设定值，负值将使变频器反方向旋转，范围为−200%～200%。

Resp_R：收到响应位，确认来自变频器的响应。系统轮询所有激活的变频器以获取最新的变频器状态信息。每次 CPU 收到来自变频器的响应时，"Resp_R"位将接通一个扫描周期，并且以下所有值将更新。

Error：字节，其中包含对变频器的最新通信请求的结果。USS 协议执行错误代码时定义了执行该指令产生的错误状况。

Status：状态，变频器返回的状态字的原始值。

Speed：速度，是用基准频率的百分数表示的变频器输出频率的实际值，该速度是全速的一个百分数，范围为−200.0%～200.0%。

Run_EN：运行启动。ON 为 1 时，表示变频器正在运行；ON 为 0 时，表示变频器停止。

D_Dir：表示电动机的旋转方向。

Inhibit，禁止，指示变频器上"禁止"（Inhibit）位的状态，0 表示未禁止，1 表示已禁止。要清除"禁止"（Inhibit）位，"Fault""RUN""OFF2""OFF3"位必须断开。

Fault 故障：指示"故障"（Fault）位的状态，0 表示无故障，1 表示故障。

（3）读/写变频器参数的指令

读/写变频器参数的指令见表 5-4。

表 5-4　读/写变频器参数的指令

读取参数的指令	描述	写入参数的指令	描述
USS_RPM_W	读取无符号字参数	USS_WPM_W	写入无符号字参数
USS_RPM_D	读取无符号双字参数	USS_WPM_D	写入无符号双字参数
USS_RPM_R	读取浮点数参数	USS_WPM_R	写入浮点数参数

2. 三菱 PLC RS-485 通信控制三菱变频器

1 台 FX 系列三菱 PLC 和不多于 8 台变频器组成的交流变频传动系统以 RS-485 总线控制方式为主，最大通信距离为 500m，通常超过 100m 时需要加中继器。由 1 台 PLC、1 个 RS-485 通信板和若干台变频器组成的控制系统，采用 1∶N 主从通信方式，PLC 是主站，变频器是从站，主站 PLC 通过站号区分不同从站的变频器，主站与任意从站之间均可进行单向或双向数据传送，从站只有在收到主站的读/写指令后才能发送数据。三菱 PLC、变频器的 RS-485 通信如图 5-8 所示。

1）硬件接口

（1）FX-485-BD 通信板

三菱 FX 系列 PLC 标配的通信接口是 RS-422，三菱 E740 系列变频器标配的 PU 接口是

RS-485，接口标准的不同，为实现数据通信则需要加装通信板。三菱 FX 系列 PLC（485）的通信板型号主要有 FX_{1N}-485-BD、FX_{2N}-485-BD、FX_{3G}-485-BD 和 FX_{3U}-485-BD，实物如图 5-9 所示。

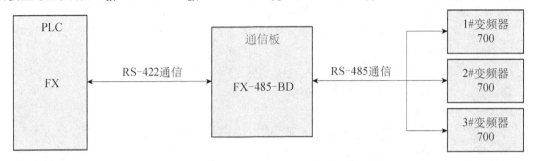

图 5-8　三菱 PLC、变频器的 RS-485 通信

（a）FX_{1N}-485-BD　（b）FX_{2N}-485-BD　（c）FX_{3G}-485-BD　（d）FX_{3U}-485-BD

图 5-9　三菱 FX 系列 PLC（485）通信板

以 FX_{3U}-485-BD 为例，通信板上有 5 个接线端子，即数据发送端子（SDA、SDB）、数据接收端子（RDA、RDB）和公共端子 SG。通信板上 2 个 LED 通信指示灯用于指示当前的通信状态。通信板安装在 FX_{3U} PLC 上的方法也比较简单，其安装位置如图 5-10 所示。

图 5-10　通信板在三菱 FX_{3U}PLC 上的安装位置

（2）FR-E740 系列变频器 PU 接口

使用 PU 接口可以通过参数单元（FR-PU07）或柜面操作面板（FR-PA07）运行或与上位机等进行通信。PU 接口用通信电缆连接个人计算机或 FA 等设备，用户可以通过客户端程序对变频器进行操作、监视或读写参数。在 Modbus RTU 协议下，也可以通过 PU 接口进行通信。三菱变频器 PU 接口盖的打开方法如图 5-11 所示。

PU 接口为 RJ-45 水晶头形式，PU 接口插针排列见表 5-5。②、⑧号插针为参数单元电源，进行 RS-485 通信时请不要使用，若错误连接了上述 PU 接口的②、⑧号插针，可能会导致变频器无法动作或损坏。请勿将②、⑧号插针连接至个人计算机的 LAN 端口、FAX 调制解调器用插口或电话用接口等，由于电气规格不一致，可能会导致变频器或对应设备的损坏。

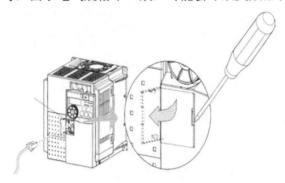

图 5-11 三菱变频器 PU 接口盖的打开方法

表 5-5 PU 接口插针排列

插针编号	名称	内容
①	SG	接地（与端子 5 导通）
②	—	参数单元电源
③	RDA	变频器接收+
④	SDB	变频器发送−
⑤	SDA	变频器发送+
⑥	RDB	变频器接收−
⑦	SG	接地（与端子 5 导通）
⑧	—	参数单元电源

（3）FX$_{3U}$-485-BD 通信板与 FR-E740 系列变频器的连接

不管是通信板与变频器之间的通信连接，还是变频器与变频器之间的通信连接，都必须采用串接方式，即用一条总线通过若干个分配器将各个变频器串接起来，连接框图如图 5-12 所示。将屏蔽线一端压接在 FX$_{3U}$-485-BD 通信板上，另一端通过水晶头插接在 FR-E740 系列变频器的 PU 接口。

通信设备之间的引出线长度要应尽量缩短，要远离干扰源和电源线，有条件的情况下应保持 0.5m 以上的间隔距离。从通信板到变频器之间的连接线要尽量使用屏蔽双绞线，双绞线的屏蔽层应有效接地。

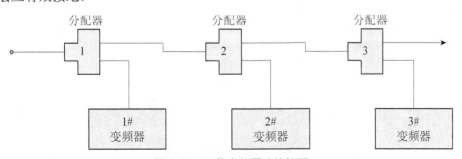

图 5-12 三菱变频器连接框图

2）变频器参数设置

三菱变频器 RS-485 通信参数表见表 5-6。

表 5-6 变频器 RS-485 通信参数表

变频器参数	设定内容	初始值	设定范围	设定值	功能说明
Pr.79	运行模式选择	0	0~7	0	外部/PU 切换模式
Pr.117	PU 通信站号	0	0~31	0	1 台控制器连接多台变频器时要设定变频器的站号
Pr.118	PU 通信波特率	192	48、96、192、384	96	设定值×100，即通信速率
Pr.119	停止位长	1	0、1、10、11	10	设定值 / 停止位长 / 数据位长: 0→1bit 8bit; 1→2bit 8bit; 10→1bit 7bit; 11→2bit 7bit
Pr.120	奇偶校验	2	0、1、2	2	0：无校验；1：奇校验；2：偶校验
Pr.121	再试次数	1	0~10 9999	1	0~10：连续发生错误次数超过设定值时，变频器将跳闸 9999：通信错误变频器也不会跳闸
Pr.122	校验时间	0	0 0.1~999.8 9999	9999	0：RS-485 通信 0.1~999.8：通信校验（断线检测）时间的间隔 9999：不进行通信校验
Pr.123	通信等待时间	9999	0~150 9999	9999	0~150ms：向变频器发出数据后信息返回的时间 9999：用通信数据进行设定
Pr.124	CR/LF 选择	1	0、1、2	1	0：无 CR、LF；1：有 CR；2：有 CR、LF
Pr.338	通信运行指令权	0	0、1	0	0：启动指令权通信；1：启动指令权外部
Pr.339	通信速度指令权	0	0、1、2	0	频率指令权0：通信；1：外部；2：外部（通信方式的频率指令有效，频率指令端子 2 无效）
Pr.549	协议选择	0	0、1	0	0：三菱变频器（计算机链接）协议 1：Modbus-RTU 协议

3）PLC 通信设置

为实现 PLC 和变频器之间的通信，通信双方需要有一个"约定"，使得通信双方在字符的数据长度、校验方式、停止位长和波特率等方面能够保持一致，而进行"约定"的过程就是通信设置。PLC 通信设置如图 5-13 所示。

4）三菱 FX 系列 PLC 的变频器通信专用指令

（1）三菱 FX$_{3G}$ 系列 PLC 的变频器通信专用指令

三菱 FX$_{3G}$ 系列 PLC 提供 4 条变频器通信专用指令，它们分别是运行监视指令、运行控制指令、参数读取指令和参数写入指令。

①运行监视指令。

PLC 采用通信方式对变频器的运行状态信息（电流值、电压值、频率值、正/反转等）进行采集，这种操作称为运行监视，其对应的指令为运行监视指令 IVCK，指令格式如图 5-14 所示。

②运行控制指令。

PLC 采用通信方式对变频器的运行状态（正转、反转、点动、停止等）进行控制，这种操作称为运行控制，其对应的指令为运行控制指令 IVDR，指令格式如图 5-15 所示。

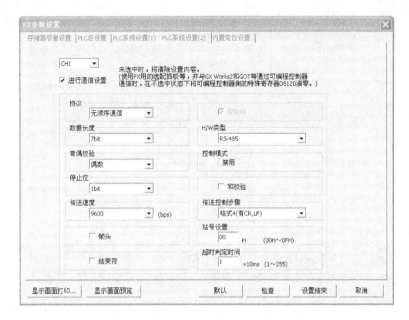

图 5-13 PLC 通信设置

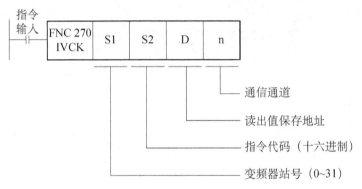

图 5-14 运行监视指令格式

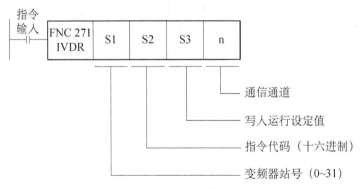

图 5-15 运行控制指令格式

③参数读取指令。

PLC 采用通信方式对变频器参数（上限频率、下限频率、加速时间、减速时间、载波频率、运行模式等）的设定值进行读取，这种操作称为参数读取，其对应指令为参数读取指令 IVRD，指令格式如图 5-16 所示。

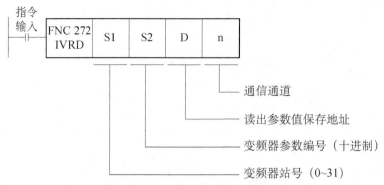

图 5-16　参数读取指令格式

④参数写入指令。

PLC 采用通信方式对变频器参数的设定值进行写入，这种操作称为参数写入。例如，写入加速时间的设定值、修改点动频率的设定值、设定参数写保护等。参数写入指令 IVWR 的格式如图 5-17 所示。

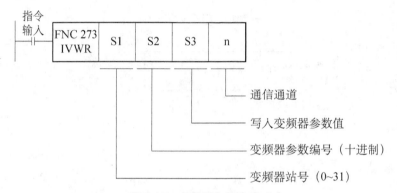

图 5-17　参数写入指令格式

（2）三菱 FX$_{3U}$ 系列 PLC 的变频器通信专用指令

三菱 FX$_{3U}$ 系列 PLC 的变频器专用通信指令与三菱 FX$_{3G}$ 系列的相比，它不仅保留了 FX$_{3G}$ 系列已有的 4 条指令，而且还增加了 1 条新指令，即变频器参数成批写入指令 IVBWR，其格式如图 5-18 所示。

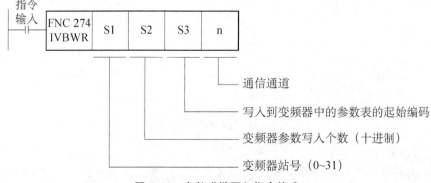

图 5-18　参数成批写入指令格式

对于变频器参数成批写入指令，每一个参数都必须占用两个存储单元，并且这两个存储单元是有专门分工的，前一个存储单元用来存储参数的编号，后一个存储单元用来存储参数的写入值。

（3）三菱 FX_{2N} 系列 PLC 的变频器通信专用指令

上述变频器通信专用指令仅支持 FX_{3G} 和 FX_{3U} 系列机型产品，不支持 FX_{2N} 系列 PLC 产品。FX_{2N} 系列 PLC 与变频器之间采用 EXTR（FNC180）指令进行通信，根据数据通信的方向可分为四种类型，见表 5-7。

表 5-7　三菱 FX_{2N} 系列 PLC 的 EXTR（FNC180）指令

指　令	编　号	操作功能	通信方向
EXTR	K10	变频器运行监视	PLC←变频器
	K11	变频器运行控制	PLC→变频器
	K12	变频器参数读出	PLC←变频器
	K13	变频器参数写入	PLC→变频器

3. 西门子 S7-200 SMART PLC Modbus 协议控制三菱 FR-E740 变频器

为了方便 PLC 以通信方式控制变频器运行，许多 PLC 机型都提供专门用于变频器通信控制的指令，如前文介绍的 USS 指令库和三菱 PLC 的变频器通信专用指令，一般只针对于 PLC 同一品牌的变频器。要实现不同品牌的 PLC 和变频器间通信，需要各品牌都支持的通用国际协议，Modbus 协议就是应用非常广泛的一种通信协议。下面介绍 S7-200 SMART PLC 采用 Modbus 协议控制三菱 FR-E740 变频器驱动引风机。

Modbus 通信协议是 Modicon 公司提出的一种信息传输协议，Modbus 协议在工业控制中得到了广泛的应用，它已经成为一种通用的工业标准。许多工控产品如 PLC、变频器、人机界面、DCS 和自动化仪表等，都广泛地使用了 Modbus 协议。

Modbus 协议是主-从协议，有一个主站，1～247 个从站。RTU 模式用循环冗余校验（CRC）进行错误检查，消息最多为 256B。通信端口被 Modbus 通信占用时，不能用于其他用途。

实际中使用最多的是 PLC 作为 Modbus RTU 主站，变频器等其他设备作为从站。

（1）硬件连接

通信用屏蔽线一端 9 针公头通信连接器插接在 S7-200 SMART PLC 的串口 PORT0 上，另一端 RJ-45 水晶头插接在 E740 系列变频器的 PU 接口。

（2）变频器参数设置

三菱变频器 Modbus 通信参数设置见表 5-8。

表 5-8　变频器 Modbus 通信参数设置

变频器参数	设定内容	设定值	功能说明
Pr.79	运行模式选择	0	外部/PU 切换模式
Pr.117	PU 通信站号	0	1 台控制器连接多台变频器时要设定变频器的站号
Pr.118	PU 通信波特率	192	设定值×100，即通信速率
Pr.119	停止位长	0	PU 通信停止位长
Pr.120	奇偶校验	2	偶校验
Pr.121	再试次数	9999	通信错误变频器也不会跳闸

变频器参数	设定内容	设定值	功能说明
Pr.122	校验时间	9999	不进行通信校验
Pr.123	通信等待时间	9999	用通信数据进行设定
Pr.124	CR/LF 选择	0	0：无 CR、LF；1：有 CR；2：有 CR、LF
Pr.338	通信运行指令权	0	0：启动指令权通信；1：启动指令权外部
Pr.339	通信速度指令权	2	外部：通信方式的频率指令有效，频率指令端子 2 无效
Pr.549	协议选择	1	Modbus-RTU 协议

（3）PLC 编程

打开西门子 S7-200 SMART PLC 的编程软件 STEP 7-MicroWin SMART，组态"系统块"中的"RS485 端口"，与变频器的波特率对应将默认值 9.6Kbps 改为 19.2Kbps。

STEP 7-MicroWin SMART 自带 Modbus 指令库。在 Modbus 通信中，PLC 作为主站，变频器作为从站。Modbus 控制指令库中有 MBUS_CTRL 和 MBUS_MSG 两个指令。MBUS_CTRL 指令用于初始化、监视或禁用 Modbus 通信。在使用 MBUS_MSG 指令之前，必须先执行 MBUS_CTRL 指令且无错误。该指令执行完成后，会置位"完成"（Done）位，然后再继续执行下一条指令。MBUS_CTRL 指令参数与含义见表 5-9。

表 5-9 MBUS_CTRL 指令参数与含义

LAD	参数	含义
	EN	必须在每次扫描时（包括首次扫描）调用 MBUS_CTRL 指令
	Mode	选择通信协议。1：将 CPU 端口分配给 Modbus 协议并启用该协议；0：将 CPU 端口分配给 PPI 系统协议并禁用 Modbus 协议
	Baud	通信波特率
	Parity	奇偶校验设置为与从站设备的奇偶校验相匹配。允许的值：0（无奇偶校验）、1（奇校验）和 2（偶校验）
	Port	设置物理通信端口（0=CPU 中集成的 RS-485，1=可选 CM01 信号板上的 RS-485 或 RS-232）
	Timeout	超时：设为等待从站做出响应的毫秒数，典型值是 1000ms（1s）
	Done	MBUS_CTRL 指令完成时，"完成"（Done）位接通
	Error	通信错误信息

（LAD 图中显示：MBUS_CTRL，EN，Mode，Baud Done，Parity Error，Port，Timeout）

MBUS_MSG 指令（或针对端口 1 的 MBUS_MSG_P1）用于启动对 Modbus 从站的请求和处理响应。EN 输入和"第一个"（First）输入同时接通时，MBUS_MSG 指令会向 Modbus 从站发起主站请求。发送请求、等待响应和处理响应通常需要多个 PLC 扫描周期。EN 输入必须接通才能启用请求的发送，并且应该保持接通状态，直到"完成"（Done）位接通。某一时间只能有一条 MBUS_MSG 指令处于激活状态。如果启用多条 MBUS_MSG 指令，将处理和执行的第一条 MBUS_MSG 指令，所有后续 MBUS_MSG 指令将中止并生成错误代码 6。MBUS_MSG 指令参数与含义见表 5-10。

表 5-10　MBUS_MSG 指令参数与含义

LAD	参数	含义
MBUS_MSG EN First Slave　　Done RW　　　Error Addr Count DataPtr	First	有新请求要发送时，参数"第一个"会接通，并仅保持一个扫描周期
	Slave	"从站"是 Modbus 从站设备的地址，范围是 0～247。0 是广播地址，S7-200 SMART Modbus 指令库不支持广播地址
	RW	"读写"（RW）允许使用以下两个值：0（读取）和 1（写入）
	Addr	起始 Modbus 地址，实际取值范围取决于从站设备所支持的地址
	Count	"计数"用于分配要在该请求中读取或写入的数据元素数
	DataPtr	间接地址指针，指向 CPU 中与读/写请求相关的数据的 V 存储器。对于读请求，应指向用于存储从站读取的数据的第一个 CPU 存储单元；对于写请求，指向要发送到从站的数据的第一个 CPU 存储单元

西门子 S7-200SMART PLC Modbus 控制三菱 FR-E740 系列变频器的参考程序如图 5-19 所示。

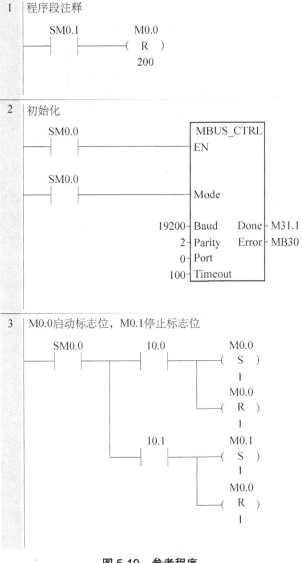

图 5-19　参考程序

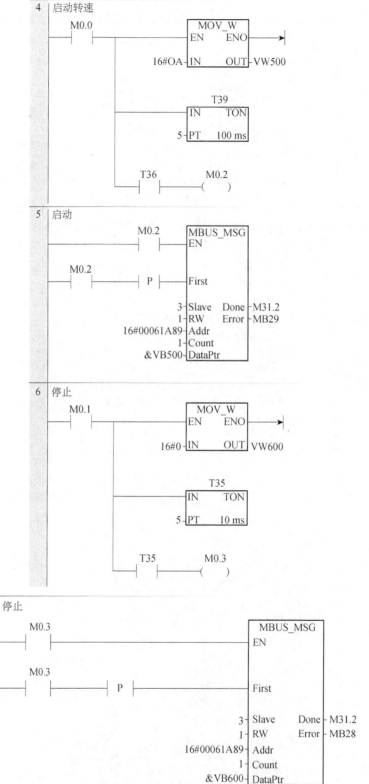

图 5-19 参考程序（续）

西门子 S7-200 SMART PLC Modbus 协议控制三菱变频器

实训任务 1　变频器 PID 控制电动机恒速运转

1. 实训器材

在 YL-360 装置或 THPFSM-3 装置中，选用以下器材：
①变频器型号为 MM 420，每组 1 台。
②380V 三相交流异步电动机。
③维修电工常用工具，每组 1 套。
④对称三相交流电源，线电压为 380V，每组 1 组。
⑤编码器。
⑥智能转速仪表。

2. 实训步骤

（1）变频器接线
参考图 5-20 绘制变频器接线原理图。待老师检查无误后按照接线原理图完成电气接线。
（2）参数的设置
参考表 5-1 设置变频器参数。
（3）操作观察
①按下操作面板上的按钮"⬛"，启动变频器。
②调节操作面板频率设定值，观察并记录电动机的运转情况。
③按下操作面板上的按钮"⬛"，停止变频器。

西门子变频器 PID 控制电动机恒速运转

3. 思考

选择"固定 PI 设定值"方式，通过变频器进行 PID 调速控制，具体参数设置见表 5-11。

表 5-11　变频器参数设置

序号	变频器参数	设定值	功能说明
1	P0304	根据电动机的铭牌进行配置	电动机的额定电压（V）
2	P0305	根据电动机的铭牌进行配置	电动机的额定电流（A）
3	P0307	根据电动机的铭牌进行配置	电动机的额定功率（kW）
4	P0310	根据电动机的铭牌进行配置	电动机的额定频率（Hz）
5	P0311	根据电动机的铭牌进行配置	电动机的额定转速（r/min）
6	P1080	0.00	电动机的下限频率（0Hz）
7	P1082	50.00	电动机的上限频率（50Hz）
8	P1120	3	加速时间（10s）
9	P1121	3	减速时间（10s）
10	P0700	1	操作面板设置
11	P2200	1	允许 PID 控制器投入
12	P2240	25	PID-MOP 的设定值
13	P2253	2224	PID 设定值信号源（已激活的 PID 设定值）
14	P2264	755	PID 反馈信号（模拟输入 1 设定值）
15	P2280	0.2	PID 比例增益系数
16	P2285	0.15	PID 积分时间
17	P0701	99	数字输入 1 功能（使能 BICO 参数化）
18	P0702	99	数字输入 2 功能（使能 BICO 参数化）
19	P0703	99	数字输入 3 功能（使能 BICO 参数化）
20	P2201	10	PID 固定频率设定值 1
21	P2202	15	PID 固定频率设定值 2
22	P2203	20	PID 固定频率设定值 3
23	P2204	25	PID 固定频率设定值 4
24	P2205	30	PID 固定频率设定值 5
25	P2206	35	PID 固定频率设定值 6
26	P2207	40	PID 固定频率设定值 7
27	P2216	3	PID 固定频率设定值方式_位 0
28	P2217	3	PID 固定频率设定值方式_位 1
29	P2218	3	PID 固定频率设定值方式_位 2
30	P2220	722.0	PID 固定频率设定值选择位 0
31	P2221	722.1	PID 固定频率设定值选择位 1
32	P2222	722.2	PID 固定频率设定值选择位 2

实训任务 2　S7-200 SMART PLC 采用 USS 通信控制变频器

1. 实训器材

在 YL158-GA 装置或 YL-335B 装备或其他设备上选用以下器材：

①西门子 MM420 系列变频器，每组 1 台。

②380V 三相交流异步电动机。

③维修电工常用工具，每组 1 套。

④对称三相交流电源，线电压为 380V，每组 1 组。

⑤S7-200 SMART PLC，每组 1 台。

⑥网络连接器 DP 头。

⑦导线，RV 0.7mm^2，黄色 5m/组，绿色 5m/组，红色 5m/组，蓝色 5m/组。

⑧冷压端子，针型，E7508，16 个/组。

2. 实训步骤

（1）变频器接线

画出变频器接线原理图，通信电路参考图 5-2，经老师检查无误后按照电气接线原理图完成电气接信和通信线连接。启动、故障复位、转向、自然停车和减速停车均接开关的常开触点。

（2）参数的设置

参考表 5-3 完成变频器参数的设置。

（3）编程与调试

编写 PLC 控制程序，下载调试。

（4）操作观察

①旋转启动开关至 ON，启动变频器。

②改变频率设定值，观察并记录电动机的运转情况。

③按下停止按钮，停止变频器。

实训任务 3　触摸屏 PLC 控制变频器

在触摸屏上设置启动和停止按钮，实时显示变频器的设定频率和变频器输出频率。PLC的输出通过端子控制变频器的启停，频率由 PLC 扩展模块 EM AM06 给定。触摸屏用作上位机 HMI，通过通信控制 PLC。

1. 实训器材

在 YL158-GA 装置、YL-335B 装备或其他实训设备上，选用以下器材。

①西门子变频器 MM 420，每组 1 台。

②西门子 S7-200 SMART SR40 PLC，每组 1 台。

③西门子 S7-200 SMART 扩展模块 EM AM06，每组 1 块。

④昆仑通态触摸屏，每组 1 台。

⑤380V 三相交流异步电动机。

⑥维修电工常用工具，每组 1 套。

⑦对称三相交流电源，线电压为 380V，每组 1 个。

2. 实训步骤

（1）硬件接线

画出 PLC 和变频器接线原理图，如图 5-20 所示，经老师检查无误后按照电气接线原理图完成电气接信和通信线连接。

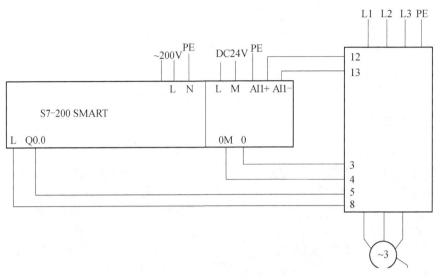

图 5-20   PLC 和变频器接线原理图

（2）参数的设置

变频器参数的设置见表 5-12。

表 5-12   变频器参数的设置

参数	出厂值	设定值	功能说明
P304	400	根据电动机的铭牌进行配置	电动机的额定电压（V）
P305	3.25	根据电动机的铭牌进行配置	电动机的额定电流（A）
P307	0.75	根据电动机的铭牌进行配置	电动机的额定功率（kW）
P310	50.00	根据电动机的铭牌进行配置	电动机的额定频率（Hz）
P311	0	根据电动机的铭牌进行配置	电动机的额定转速（r/min）
P1080	0.00	0.00	电动机的下限频率（0Hz）
P1082	50.00	50.00	电动机的上限频率（50Hz）
P1120	10.0	3	加速时间（10s）
P1121	10.0	3	减速时间（10s）
P0700	2	2	选择指令源
P0701	1	1	接通启动，断开停止
P0725	1	1	数字输入的 PNP / NPN 接线方式
P0757	0V	0	标定 ADC 的 X1 值
P0758	0.0%	0.0%	标定 ADC 的 Y1 值
P0759	10V	10V	标定 ADC 的 X1 值
P0760	100%	100%	标定 ADC 的 Y1 值
P0761	0V	0V	ADC 死区宽度
P0771	21	21	DAC 定义 0～20mA 模拟输出功能
P0773	2ms	2ms	DAC 平滑时间
P0777	0.0%	0.0%	标定 DAC 的 X1 值
P0778	0	0	标定 DAC 的 Y1 值
P0779	100.0%	100.0%	标定 DAC 的 Y2 值
P0780	20	20	标定 DAC 的 Y1 值
P0781	0	0	DAC 死区宽度
P1000	2	2	速度给定

（3）组态触摸屏

在 YL158-GA 中昆仑通态的触摸屏采用以太网与 PLC 通信，IP 地址应与西门子 PLC 的 IP 地址一致。修改触摸屏的方法：接通触摸屏电源，不停点击屏幕，在弹出的窗口中修改系统 IP。组态软件中，设备组态窗口如图 5-21 所示。

图 5-21 设备组态窗口

在 YL335-B 中采用串口 PPI 与 PLC 通信，具有转换电路的通信线一端连接触摸屏 RS-232 接口，另一端连接 PLC RS-485 接口。设备组态串口端口号选择"0-COM1"，如图 5-22 所示。

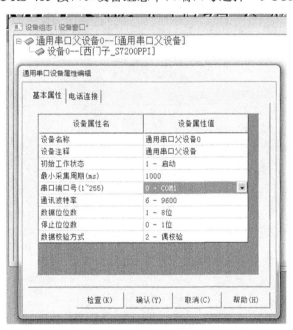

图 5-22 设备组态串口端口号设置

在动画组态窗口中有启动按钮、停止按钮、变频器频率给定输入框和变频器输出频率的显示框，如图 5-23 所示。其中，启动按钮数据对象为 PLC 中 M1.3，停止按钮数据对象为 PLC 中 M1.2，变频器频率给定数据对象为 PLC 中浮点数 VD10，变频器输出频率数据对象为 PLC 中浮点数 VD20。

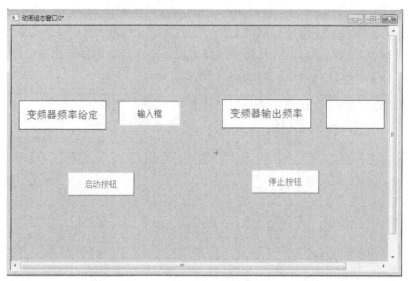

图 5-23　动画组态窗口

（4）编程调试

编写 PLC 控制程序，下载调试。参考程序如图 5-24 所示。

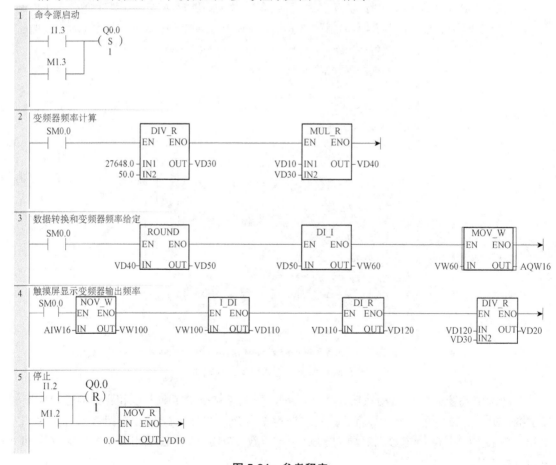

图 5-24　参考程序

（5）操作观察

略。

触摸屏 PLC 控制变频器

该部分简要介绍计算机通信的相关内容。

1. 串行通信

（1）并行通信与串行通信

并行通信以字节或字为单位传输数据，已很少使用。

串行通信每次只传送二进制数的一位，最少只需要两根线就可以组成通信网络。本书中介绍的西门子 PLC 与变频器的 USS 通信、三菱 PLC 和变频器的 RS-485 通信、西门子 PLC 与三菱变频器的 Modbus 通信均为串行通信。

（2）异步通信与同步通信

同步通信的发送方和接收方使用同一个时钟脉冲。接收方可以通过调制解调方式得到与发送方同步的接收时钟信号。

异步通信采用字符同步方式，如图 5-25 所示，通信双方需要对采用的信息格式和数据的传输速率做相同的约定。接收方将停止位和起始位之间的下降沿作为接收的起始点，在每一位的中点接收信息。

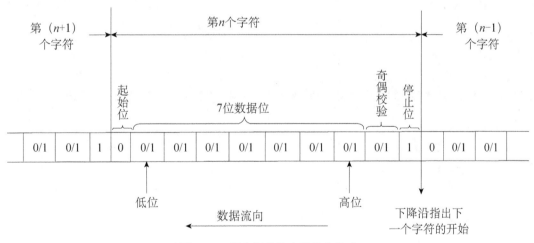

图 5-25　异步通信的字符信息格式

（3）奇偶校验

用硬件保证发送方发送的每一个字符的数据位和奇偶校验位中"1"的个数为偶数或奇数。接收方用硬件对接收到的每一个字符的奇偶性进行校验，如果奇偶校验出错，可以检测。也可以设置为无奇偶校验。

（4）单工通信与双工通信

单工通信只能沿单一方向传输数据，双工通信每一个站既可以发送数据，也可以接收数据。全双工方式通信的双方都能在同一时刻接收和发送数据，如图 5-26 所示。半双工方式通信的双方在同一时刻只能发送数据或只能接收数据，如图 5-27 所示。

图 5-26　全双工方式　　　　　　　　　　图 5-27　半双工方式

（5）传输速率

传输速率即波特率，是指通信设备每秒所能传送的二进制位数，其单位为 bit/s 或 bps。波特率越高，数据传输速度就越快。西门子 S7-200 SMART、三菱 FX 系列 PLC、西门子 MM 420 系列变频器波特率的默认值均是 9600bps，FR-E740 系列变频器波特率的默认值是 19200bps。

2. 串行通信的端口标准

（1）RS-232C

图 5-28 为 RS-232 信号线连接，RS-232C 的最大通信距离为 15m，最高传输速率为 20Kbps，只能进行一对一的通信。RS-232C 使用单端驱动单端接收电路，如图 5-29 所示，容易受到公共地线上的电位差和外部引入的干扰信号的影响。

（2）RS-422A

RS-422A 采用平衡驱动差分接收电路，如图 5-30 所示，因为接收器是差分输入，两根线上的共模干扰信号互相抵消。在最大传输速率 10Mbps 时，最大通信距离为 12m；传输速率为 100Kbps 时，最大通信距离为 1200m，一台驱动器可以连接 10 台接收器。三菱 FX 系列 PLC 编程口采用 RS-422。

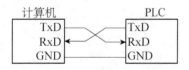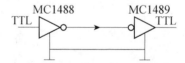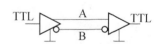

图 5-28　RS-232 信号线连接　　图 5-29　单端驱动单端接收电路　　图 5-30　平衡驱动差分接收电路

（3）RS-485

RS-422A 是全双工通信，用 4 根导线传送数据，如图 5-31 所示。RS-485 是 RS-422A 的变形，为半双工通信，使用双绞线可以组成串行通信网络构成分布式系统，如图 5-32 所示。西门子 MM 420 系列变频器、三菱 FR-E740 系列变频器、西门子 200 PLC PPI 口均为 RS-485 端口。

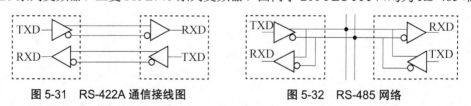

图 5-31　RS-422A 通信接线图　　　　　　图 5-32　RS-485 网络

3. 计算机通信的国际标准

（1）开放系统互联参考模型

物理层的下面是物理媒体，例如双绞线、同轴电缆和光纤等。物理层定义了传输媒体端口的机械、电气功能和规程的特性。

数据链路层的数据以帧为单位传送，每一帧包含数据和同步信息、地址信息和流量控制信息等，通过校验、确认和要求重发等方法实现差错控制。

应用层为用户的应用服务提供信息交换，为应用接口提供操作标准。

（2）IEEE 802 通信标准

IEEE（国际电工与电子工程师学会）的 802 委员会于 1982 年颁布了一系列计算机局域网分层通信协议标准草案，总称 IEEE802 标准。

①CSMA/CD（带冲突检测的载波侦听多路访问）。

每个站都是平等的，采用竞争方式发送信息到传输线上，"先听后讲"和"边听边讲"。其控制策略是竞争发送、广播式传送、载体监听、冲突检测、冲突后退和再试发送。以太网越来越多地在底层网络中使用。

②令牌总线。

令牌逻辑环周而复始的传送，要发送报文的站等到令牌传给自己，判断为空令牌时才能发送报文。令牌沿环网循环一周后返回发送站时，如果报文已被接收站复制，发送站将令牌置为"空"，送上环网继续传送，以供其他站使用。

③令牌环。

令牌环是 IBM 公司开发的，用得少。

④主从通信方式。

主从通信网络有一个主站和若干个从站。主站向某个从站发送请求帧，该从站接收到后才能向主站返回响应帧。主站按事先设置好的轮询表的排列顺序对从站进行周期性的查询。本书中列举的西门子 PLC 与变频器的 USS 协议通信、三菱 PLC 和变频器的 RS-485 通信、西门子 PLC 与三菱变频器的 Modbus 协议通信均为主从通信，PLC 作为主站，变频器作为从站。

（3）现场总线及其国际标准

①现场总线。

IEC（国际电工委员会）对现场总线的定义：安装在制造和过程区域的现场装置与控制室内的自动控制装置之间的数字式、串行、多点通信的数据总线。

②现场总线的国际标准。

IEC 61158：IEC 61158 第 4 版采纳了经过市场考验的 20 种现场总线，其中约一半是实时以太网。

IEC 62026：IEC 62026 是供低压开关设备与控制设备使用的控制器电气接口标准。

三菱 PLC 和变频器的 RS-485 通信也有时被称为现场总线，实际不是现场总线。

4. PPI 网络

（1）S7-200 SMART 的串行通信端口

S7-200 SMART CPU 有一个集成的 RS-485 端口（端口 0，与 S7-200 相同），还可以选配一块 RS232/RS485 CM01 信号板（端口 1），它们分别可以与变频器、人机界面（HMI）等设备通信，每个端口可支持 4 个 HMI 设备。

（2）网络连接器

网络连接器如图 5-33 所示，终端连接器接线图如图 5-34 所示，终端电阻可吸收网络上的反射波，有效地增强信号强度。网络终端的连接器上的开关应置于 On 位置（接入终端电阻），网络中间的连接器上的开关应置于 Off 位置。

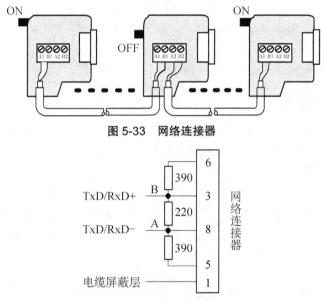

图 5-33　网络连接器

图 5-34　终端连接器接线图

（3）网络中继器

中继器用来将网络分段，每个网段最多包含 32 个设备，中继器可扩展网络长度。

（4）PPI 协议

PPI 是一种主站-从站协议，PLC 在通信网络中作为主站，变频器作为从站。

5. 自由端口模式通信

自由端口模式由用户自定义与其他设备通信的协议。Modbus RTU 协议和 USS 协议就是自由端口模式的通信协议。

单元 6　伺服系统的认知

单元导学

本单元教学课件

伺服系统广泛地应用在高、精、尖领域，例如，数控加工设备的工作台多由伺服系统拖动，伺服驱动技术也是机器人的三大核心技术之一。本单元以认知伺服电动机和伺服驱动器为教学任务，通过对伺服电动机和伺服驱动器外部结构和铭牌的学习，使学生熟悉伺服电动机和伺服驱动器，掌握铭牌信息及主要参数；通过对伺服驱动器连接电路和参数设置的学习，初步掌握伺服驱动器电气连接和参数设置。

1. 知识目标

（1）熟悉伺服电动机的外部结构、防护形式及散热方式。

（2）熟悉伺服驱动器的操作单元、显示内容及面板设置。

（3）掌握伺服电动机和伺服驱动器的铭牌信息、型号标识及主要参数。

2. 技能目标

（1）能准确识别伺服电动机和伺服驱动器的铭牌及型号。

（2）会进行伺服驱动器和伺服电动机的电气接线。

（3）能正确设置伺服驱动器的简单参数。

单元知识

6.1　伺服系统概述

1. 伺服系统的概念

机电伺服系统最初用于船舶的自动驾驶、火炮控制和指挥仪中，后来逐渐推广到很多领域，包括工业、国防和几乎所有的装备制造业，特别是应用于天线位置控制、制导、数控加工设备、机器人中。

伺服系统是指在控制指令的作用下，通过驱动元件控制被控对象的某种状态，使其能够自动地、连续地、精确地复现输入信号的变化规律，从而获得精确的位置、速度及转矩输出的自动控制系统，亦称随动系统。

2. 伺服系统的分类

伺服系统的分类方法很多，常见的分类方法有以下三种。

1）按驱动方式分类

分为电气伺服系统、液压伺服系统、气动伺服系统。电气伺服系统又分为直流伺服系统、交流伺服系统和步进伺服系统。

2）按照功能特征分类

分为位置伺服系统、速度伺服系统及转矩伺服系统。位置伺服系统又分为点位伺服系统和连续轨迹伺服系统。

（1）位置伺服系统

位置控制是指转角位置或直线移动位置的控制。位置控制按照控制原理又分为点位控制（PTP）和连续轨迹控制（CP）。

点位控制（PTP）：是点到点的定位控制，它既不控制点与点之间的运动轨迹，也不在此过程中进行加工或测量。如数控钻床、冲床、镗床、测量机和点焊工业机器人等。

连续轨迹控制（CP）：又分为直线控制和轮廓控制。

直线控制是指工作台相对工具以一定速度沿某个方向的直线运动（单轴或双轴联动）的控制，在此过程中要进行加工或测量。如数控镗铣床、大多数加工中心和弧焊工业机器人等。

轮廓控制是指控制两个或两个以上坐标轴移动的瞬时位置与速度，通过联动形成一个平面或空间的轮廓曲线或曲面。如数控车床、凸轮磨床、激光切割机和三坐标测量机等。

（2）速度伺服系统

速度控制是保证电动机的转速与速度指令要求一致，通常采用 PI 控制方式。对于动态响应、速度恢复能力要求特别高的系统，可采用变结构（滑模）控制方式或自适应控制方式。

速度控制既可单独使用，也可与位置控制联合成为双回路控制，但主回路是位置控制，速度控制作为反馈校正，改善系统的动态性能。如各种数控机床的双回路伺服系统。

（3）转矩伺服系统

转矩控制是通过外部模拟量的输入或直接的地址赋值来设定电动机轴对外的输出转矩的大小，主要应用在对材质的受力有严格要求的缠绕和放卷的装置中。例如绕线装置或拉光纤设备，转矩的设定要根据缠绕半径的变化随时更改以确保材质的受力不会随着缠绕半径的变化而改变。

3）按控制方式分类

分为开环控制伺服系统、闭环控制伺服系统和半闭环控制伺服系统。

（1）开环控制伺服系统

开环控制伺服系统没有速度及位置测量元件，伺服执行装置为步进电动机或电液脉冲电动机。由于这种控制方式对传动机构或控制对象的运动情况不进行检测与反馈，输出量与输入量之间只有前向作用，没有反向联系，故称为开环控制伺服系统。一种步进电动机驱动的经济型数控机床组成原理图（开环控制伺服系统）如图 6-1 所示。

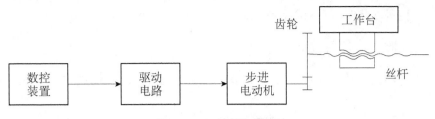

图 6-1　开环控制伺服系统

开环控制伺服系统的优点：结构简单，容易掌握，调试、维修方便，造价低；缺点：控制精度低、温升高、噪声大、效率低、加减速性能差等。

（2）半闭环控制伺服系统

半闭环控制伺服系统不对控制对象的实际位置进行检测，而是用安装在伺服电动机轴端上的速度、角位移测量元件测量伺服电动机的转动，间接地测量控制对象的位移，角位移测量元件测出的位移量反馈回来，与输入指令比较，利用差值来校正伺服电动机的转动位置。

半闭环控制伺服系统的主要特点：较稳定的控制特性，介于闭环伺服系统和开环伺服系统之间的定位精度，系统稳定性较好，调试较容易，价格低廉。

（3）闭环控制伺服系统

闭环控制伺服系统带有检测装置，可以直接对工作台的位移量进行检测。在闭环控制伺服系统中，速度、位移测量元件不断地检测控制对象的运动状态。如图 6-2 所示为闭环控制伺服系统原理图。

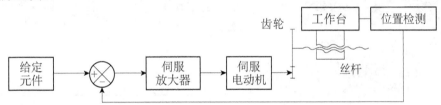

图 6-2　闭环控制伺服系统原理图

闭环控制伺服系统的主要特点：与半闭环控制伺服系统相比，其反馈点取自输出量，避免了半闭环控制系统自反馈信号取出点至输出量间各元件引出的误差。由于系统是利用输出量与输入量之间的差值进行控制的，故又称其为负反馈控制。该类系统适用于对精度要求很高的数控机床，如超精车床、超精铣床等。

6.2　交流伺服电动机

交流伺服电动机在伺服系统中的任务是将控制电信号快速地转换为转轴转动的一个执行动作。自动控制系统对交流伺服电动机的控制要求主要有以下几点：

①转速和转向应方便地受控制信号的控制，调速范围要大；

②整个运行范围内的特性应接近线性关系，保证运行的稳定性；

③当控制信号消除时，伺服电动机应立即停转，即电动机无"自转"现象；

④控制功率要小，启动力矩要大；

⑤机电时间常数要小，启动电压要低；

⑥当控制信号变化时，反应要快速、灵敏。

1.交流伺服电动机的结构与特点

交流伺服电动机的结构主要分为定子、转子、编码器和其他辅助结构（风扇、封盖），如图 6-3 所示。

图 6-3　交流伺服电动机

1）定子

定子由铁芯和线圈构成，一种伺服电动机的定子实物及内部示意图如图 6-4 所示。

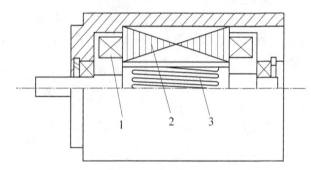

1—定子绕组；2—定子铁芯；3—鼠笼形转子

（a）定子实物　　　　　　　　　　（b）定子内部示意图

图 6-4　一种伺服电动机的定子实物及内部示意图

2）转子

（1）鼠笼形转子

鼠笼形转子由转轴、转子铁芯和转子绕组等组成，如图 6-5 所示。

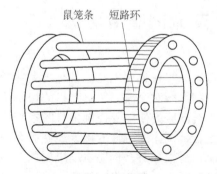

（a）转子实物　　　　　　　　　　（b）转子绕组

图 6-5　鼠笼形转子实物及绕组

　　鼠笼形转子交流伺服异步电动机的主要特点：体积小、质量轻、效率高；启动电压低、灵敏度高、激励电流较小；机械强度较高、可靠性好；耐高温、振动、冲击等恶劣环境条件；低速运转时不够平滑，有抖动等现象。该类型伺服异步电动机主要应用于小功率伺服控制系统。

　　（2）杯形转子

　　杯形转子只是鼠笼形转子的一种特殊形式，电动机的结构如图 6-6（a）所示，杯形转子绕组如图 6-6（b）所示。

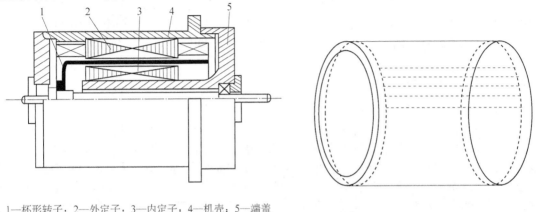

1—杯形转子；2—外定子；3—内定子；4—机壳；5—端盖

(a) 电动机的结构　　　　　　　　　　　　　　(b) 杯形转子绕组

图 6-6　杯形转子交流伺服异步电动机

　　杯形转子交流伺服异步电动机具有如下特点：转子惯量小；轴承摩擦阻转矩小；运转平稳；内、外定子间气隙较大，利用率低，工艺复杂，成本高。该电动机主要应用在要求低噪声及运转非常平稳的某些特殊场合。

　　3）编码器

　　内置编码器套在电动机转子的转轴上，当转子转动时，编码器的码盘也跟着旋转，输出反馈脉冲送至驱动器。内置编码器的实物和内部结构如图 6-7 所示。编码器依据信号原理分类，有增量型编码器和绝对型编码器。

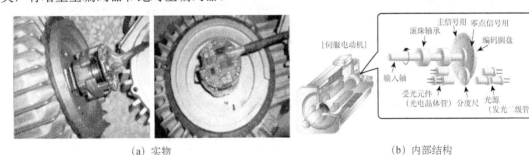

(a) 实物　　　　　　　　　　　　　　　　(b) 内部结构

图 6-7　内置编码器的实物和内部结构

　　增量型编码器：有一个中心有轴的光电码盘，其上有环形通、暗的刻线，由光电发射和接收器件读取而获得四组正弦波信号 A、B、C、D，每个正弦波相差 90° 相位角（相对于一个周波为 360°）。将 C、D 信号反向，叠加在 A、B 两相上，可增强和稳定信号；另每转输出一个 Z 相脉冲，以代表零位参考位。由于 A、B 两相相差 90°，可通过比较 A 相在前还是 B 相在前，以判别编码器的正转与反转，通过零位脉冲，可获得编码器的零位参考位。

绝对型编码器由机械位置决定的每个位置是唯一的，它无须记忆，无须找参考点，而且不用一直计数，什么时候需要知道位置，什么时候就去读取它的位置。这样，编码器的抗干扰特性、数据的可靠性大大提高了。旋转单圈绝对值编码器，在转动中测量光电码盘各道刻线，以获取唯一的编码。当转动超过360°时，编码又回到原点，这样就不符合绝对编码唯一的原则。这样的编码只能用于旋转范围360°以内的测量，称为单圈绝对值编码器。

增量型编码器一个很重要的技术参数是每转脉冲数，即分辨率。分辨率就是编码器以每旋转360°提供多少的通或暗刻线数，也称解析分度，或直接称多少线。例如，台达伺服电动机的编码器分辨率为17bit，信号通过驱动器四倍频后，即编码器最大分辨率为160000pulse/r。由此，可以知道此台达伺服电动机在控制电路接收到160000个脉冲，电动机旋转一圈。

2. 基本工作原理

（1）同步型交流伺服电动机

所谓同步电动机，即转子转速与旋转磁场速度同步。交流伺服电动机中最为普及的是同步型交流伺服电动机，其励磁磁场由转子上的永磁体产生，通过控制三相电枢电流，使其合成电流矢量与励磁磁场正交而产生转矩。同步型交流伺服电动机虽较感应电动机复杂，但比直流电动机简单。它的定子与感应电动机一样，都在定子上装有对称三相绕组。而转子却不同，按不同的转子结构又分电磁式及非电磁式两大类。非电磁式又分为磁滞式、永磁式和反应式等多种。其中，磁滞式和反应式同步电动机存在效率低、功率因数较小、容量不大等缺点。数控机床中多用永磁式同步电动机。与电磁式相比，永磁式同步电动机的优点是结构简单、运行可靠、效率较高；缺点是体积大、启动特性欠佳。但永磁式同步电动机采用高剩磁感应、高矫顽力的稀土类磁铁后，可比直流电动机外形尺寸约小1/2，质量减轻60%，转子惯量减到直流电动机的1/5。它与异步电动机相比，由于采用了永磁铁励磁，消除了励磁损耗及有关的杂散损耗，所以效率高。又因为没有电磁式同步电动机所需的集电环和电刷等，其机械可靠性与感应（异步）电动机相同，而功率因数却大大高于异步电动机，从而使永磁同步电动机的体积比异步电动机小些。这是因为在低速时，感应（异步）电动机由于功率因数小，输出同样的有功功率时，它的视在功率却要大得多，而电动机主要尺寸是根据视在功率而定的。

（2）感应型交流伺服电动机

感应电动机可以达到与他励式直流电动机相同的转矩控制特性，再加上感应电动机本身价格低廉、结构坚固及维护简单，因此感应电动机逐渐在高精密速度及位置控制系统中得到越来越广泛的应用。

两相异步伺服电动机工作时，励磁绕组两端施加恒定的励磁电压 U_f，控制绕组两端施加控制电压 U_k。

通常将有效匝数相等的两个绕组称为两相对称绕组，若在两相对称绕组上施加两个幅值相等且相位差90°电角度的对称电压，则电动机处于对称状态。

此时，两相绕组在定子、转子之间的气隙中产生的合成磁势是一个圆形旋转磁场。若两个电压幅值不相等或相位差不为90°电角度，则会得到一椭圆形旋转磁场。

3. 主要技术数据

（1）型号说明

交流伺服电动机的型号说明主要包括机座号、产品代号、频率代号和性能参数序号四个部分。台达永磁同步交流伺服电动机型号 ECMA-C30604PS 的含义：ECM 表示电动机的类型为电子换相式；C 表示电压及转速规格为 220V/3000rpm；3 表示编码器为增量式编码器，4 倍频后分辨率为 160000ppr，输出信号线数为 5 根线；04 表示电动机的额定功率为 400W。台达 ECMA-C30604PS 永磁同步交流伺服电动机的铭牌如图 6-8 所示，台达 ASDA-B2 伺服电动机型号说明如图 6-9 所示。

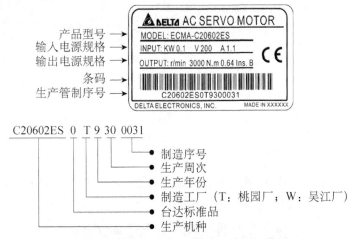

图 6-8　台达 ECMA-C30604PS 永磁同步交流伺服电动机的铭牌

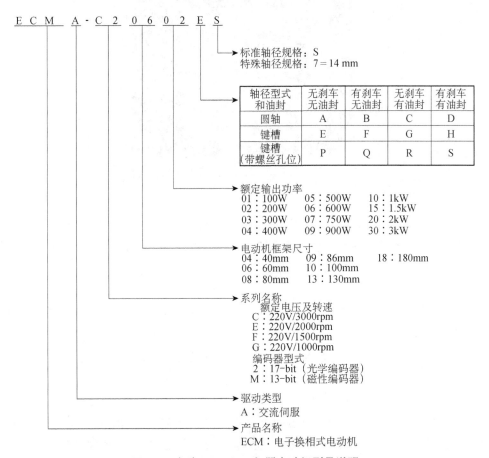

图 6-9　台达 ASDA-B2 伺服电动机型号说明

松下 MINAS A5 交流伺服电动机的铭牌如图6-10所示。交流伺服电动机型号 MHMJ022G1U 的参数意义分别为：MHMJ 表示高惯量；02 表示额定输出功率为200W；2 表示电压规格为200V；G 表示旋转编码器规格为增量式；1 表示标准设计顺序。

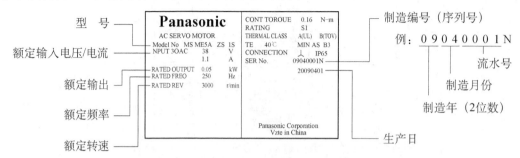

图 6-10　松下 MINAS A5 交流伺服电动机的铭牌

三菱 HG-KN13J-S100 伺服电动机的铭牌如图如图 6-11 所示，电动机相数为 3 相，额定电压为 112V，额定电流为 0.8A，额定功率为100W。

图 6-11　三菱 HG-KN13J-S100 伺服电动机的铭牌

（2）电压

技术数据表中励磁电压和控制电压都指的是额定值。励磁绕组的额定电压一般允许变动范围为±5%左右。电压太高，电动机会发热；电压太低，电动机的性能将变坏，如堵转转矩和输出功率会明显下降、加速时间增长等。

（3）频率

目前，控制电动机常用的频率分低频和中频两大类，低频为 50Hz（或 60Hz），中频为400Hz（或 500Hz）。

一般情况下，低频电动机不应该用中频电源，中频电动机也不应该用低频电源，否则电动机性能会变差。

（4）堵转转矩、堵转电流

定子两相绕组加上额定电压，转速等于 0 时的输出转矩，称为堵转转矩。这时流经励磁绕组和控制绕组的电流分别称堵转励磁电流和堵转控制电流。堵转电流通常是电流的最大值，可作为设计电源和放大器的依据。

（5）空载转速

在定子绕组上加额定电压，电动机不带任何负载时的转速称为空载转速 n_0。空载转速与电动机的极数有关。由于电动机本身阻转矩的影响，空载转速略低于同步转速。

（6）额定输出功率

当电动机处于对称状态时，输出功率 P_2 随转速 n 变化，当转速接近空载转速 n_0 的一半时，输出功率最大。通常就把这一状态规定为交流伺服电动机的额定状态。

电动机可以在这个状态下长期连续运转而不过热。这个最大的输出功率就是电动机的额定功率 P_{2n}，对应这个状态下的转矩和转速称为额定转矩 T_n 和额定转速 n。

4. 伺服电动机的使用

伺服电动机主要外部部件有连接电源电缆、内置编码器、编码器电缆等。有的品牌编码器电缆和电源电缆为选件。对于带电磁制动的伺服电动机，单独需要电磁制动电缆。如果驱动器与电动机连线较长应相应加粗电缆，且编码器电缆必须加粗。电动机轴心必须与设备轴心杆对心连好，电动机固定用四根螺丝必须锁紧。

6.3 交流伺服驱动器

伺服驱动器又称为伺服控制器、伺服放大器，是用来控制伺服电动机的一种控制器，其作用类似于变频器作用于普通交流电动机，属于伺服系统的一部分，主要应用于高精度的定位系统。伺服驱动器一般是通过位置、速度和力矩三种方式对伺服电动机进行控制，实现高精度的传动系统定位，目前是传动技术的高端产品。

1. 伺服驱动器技术参数

台达 ASDA-B2、松下 A5 和三菱 MR-JE-10A 交流伺服器的铭牌和型号说明分别如图 6-12 至图 6-14 所示。从铭牌中可以看出伺服驱动器的主要参数有功率，输入电压、频率、电流，输出电压、电流和频率范围。

2. 伺服驱动器的构造、内部电路和接口

1）伺服驱动器的构造

台达 ASDA-B2、松下 A5 和三菱 MR-JE-10A 交流伺服驱动器的构造、各部分的名称及其功能分别如图 6-15 至 6-17 所示。图 6-15 为台达 ASDA-B2 伺服驱动器的正视图，图 6-16 为松下 A5 伺服驱动器的正视图和侧视图，图 6-17 为三菱 MR-JE-10A 伺服驱动器的正视图及其各部分的名称和功能。从中可以看到，三种伺服驱动器的名称有所差异，但主要构造相同，主要由主电路电源、控制电路电源、制动电阻接线端子、电动机接线端子、操作面板、控制电路接口、通信接口等构成。

2）内部电路

交流伺服驱动器的主要功能是根据控制电路的指令，将电源提供的电流转变为伺服电动

机电枢绕组中的交流电流，以产生所需要的电磁转矩。内部电路按照功能主要包括功率变换主电路、控制电路、驱动电路。台达 ASDA-B2 伺服驱动器、松下 A5 伺服驱动器、三菱 MR-JE-10A 伺服驱动器手册中的内部结构框图不尽相同，但是原理一致。以台达 ASDA-B2 伺服驱动器为例，其内部结构框图如图 6-18 所示。松下 A5 伺服驱动器的内部结构框图如图 6-19 所示。

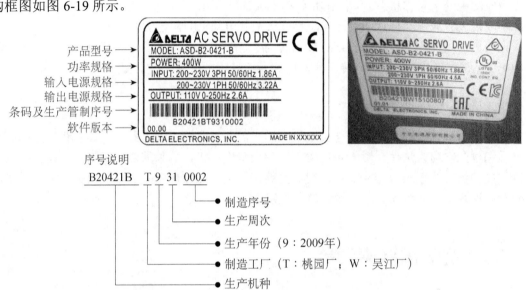

图 6-12　ASDA-B2 伺服驱动器的铭牌

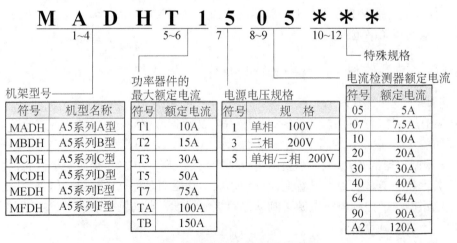

图 6-13　松下 A5 伺服驱动器的铭牌

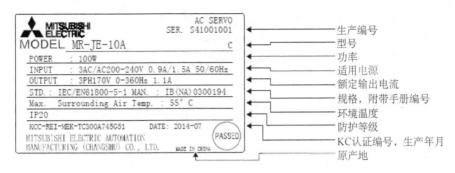

生产编号
型号
功率
适用电源
额定输出电流
规格，附带手册编号
环境温度
防护等级
KC认证编号，生产年月
原产地

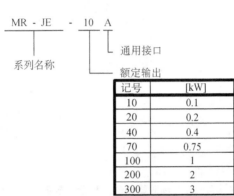

图 6-14　三菱 MR-JE-10A 伺服驱动器的铭牌

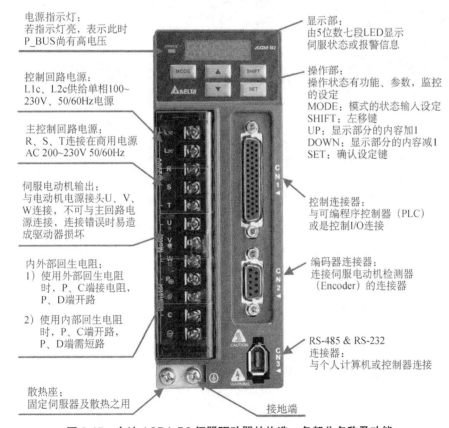

电源指示灯：
若指示灯亮，表示此时
P_BUS尚有高电压

控制回路电源：
L1c、L2c供给单相100~
230V、50/60Hz电源

主控制回路电源：
R、S、T连接在商用电源
AC 200~230V 50/60Hz

伺服电动机输出：
与电动机电源接头-U、V、
W连接，不可与主回路电
源连接，连接错误时易造
成驱动器损坏

内外部回生电阻：
1) 使用外部回生电阻
时，P、C端接电阻，
P、D端开路
2) 使用内部回生电阻
时，P、C端开路，
P、D端需短路

散热座：
固定伺服器及散热之用

显示部：
由5位数七段LED显示
伺服状态或报警信息

操作部：
操作状态有功能、参数，监控
的设定
MODE：模式的状态输入设定
SHIFT：左移键
UP：显示部分的内容加1
DOWN：显示部分的内容减1
SET：确认设定键

控制连接器：
与可编程序控制器（PLC）
或是控制I/O连接

编码器连接器：
连接伺服电动机检测器
（Encoder）的连接器

RS-485 & RS-232
连接器：
与个人计算机或控制器连接

接地端

图 6-15　台达 ASDA-B2 伺服驱动器的构造、各部分名称及功能

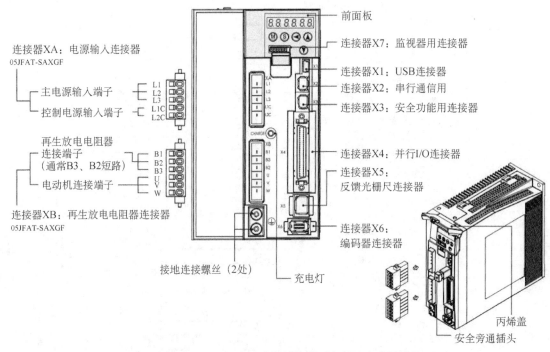

图 6-16 松下 A5 伺服驱动器的构造、各部分名称及功能

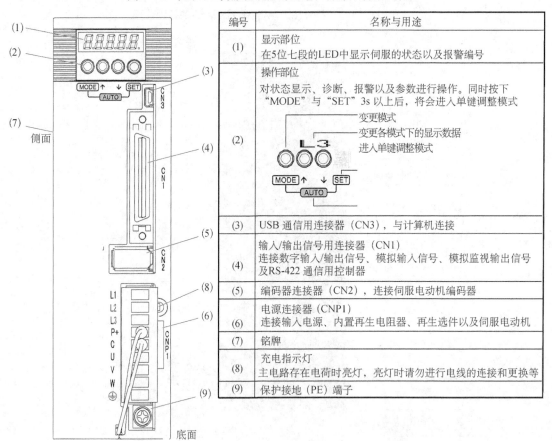

编号	名称与用途
(1)	显示部位 在5位七段的LED中显示伺服的状态以及报警编号
(2)	操作部位 对状态显示、诊断、报警以及参数进行操作。同时按下"MODE"与"SET"3s以上后，将会进入单键调整模式
(3)	USB 通信用连接器（CN3），与计算机连接
(4)	输入/输出信号用连接器（CN1） 连接数字输入/输出信号、模拟输入信号、模拟监视输出信号及RS-422通信用控制器
(5)	编码器连接器（CN2），连接伺服电动机编码器
(6)	电源连接器（CNP1） 连接输入电源、内置再生电阻器、再生选件以及伺服电动机
(7)	铭牌
(8)	充电指示灯 主电路存在电荷时亮灯，亮灯时请勿进行电线的连接和更换等
(9)	保护接地（PE）端子

图 6-17 三菱 MR-JE-10A 交流伺服器的构造、各部分名称及功能

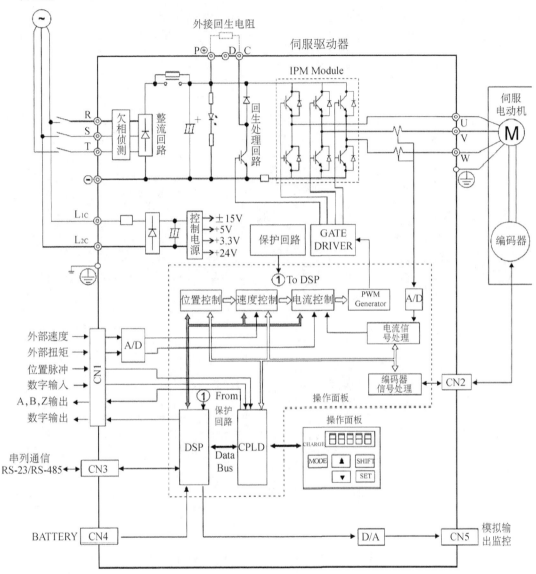

图 6-18 ASDA-B2 伺服驱动器的内部结构框图

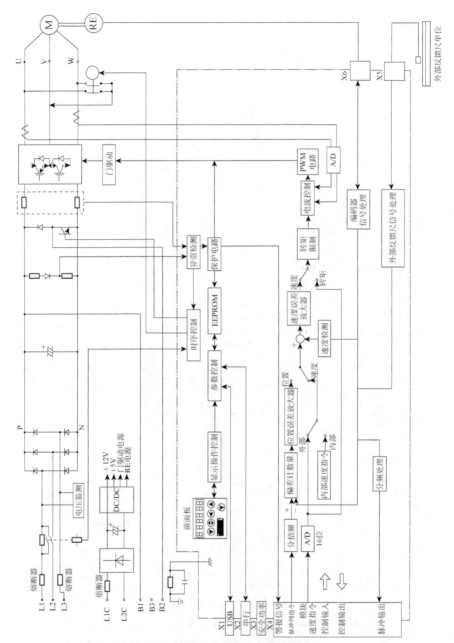

图 6-19　松下 A5 伺服驱动器的内部结构框图

1）功率变换主电路和驱动电路

功率变换主电路主要由整流电路、滤波电路和逆变电路三部分组成。高压、大功率的交流伺服系统，有时需要抑制电压、电流尖峰的缓冲电路。频繁运行于快速正反转的伺服系统，还需要消耗多余再生能量的制动电路。

驱动电路根据控制信号对功率半导体开关器件进行驱动，并为交流伺服电动机及其控制器件提供保护，主要包括开关器件的前级驱动电路和辅助开关电源电路等。

2）控制电路

主要由运算电路、PWM 生成电路、检测信号处理电路、输入/输出电路、保护电路等构成，DSP 主要负责运算，CPLD 主要负责控制。其主要作用是完成对功率变换主电路的控制和实现各种保护。

交流伺服系统具有电流反馈、速度反馈和位置反馈的三闭环结构形式，其中电流环和速度环为内环（局部环），位置环为外环（主环）。伺服驱动器系统的结构框图如图 6-20 所示。

电流环由电流控制器和功率变换器组成，其作用是使电动机绕组电流实时、准确地跟踪电流指令信号，限制电枢电流在动态过程中不超过交流伺服电动机及其驱动器的最大值，使系统具有足够大的加速转矩，提高系统的快速性。

速度环的作用是增强系统抗负载扰动的能力，抑制速度波动，实现稳态无静差。

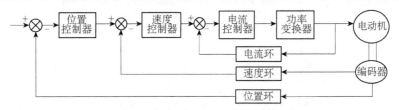

图 6-20 伺服驱动器系统的结构框图

位置环的作用是保证系统静态精度和动态跟踪的性能，这直接关系到交流伺服系统的稳定性和能否高性能运行，是设计的关键所在。

3）伺服驱动器的接口

（1）I/O 接口

为了更有弹性与上位控制器互相沟通，伺服驱动器提供了可规划的输入和输出。除此之外，还提供差动输出的编码器信号，以及模拟转矩指令输入、模拟速度/位置指令输入、脉冲位置指令输入。这些输入、输出通过 I/O 接口与上位机控制器相连，I/O 接口在台达 ASDA-B2 伺服驱动器和三菱 MR-JE-10A 伺服驱动器上称为 CN1，在松下 A5 伺服驱动器上称为 X4。插在 I/O 接口上的插头称为 I/O 连接器，图 6-21（a）为台达 ASDA-B2 伺服驱动器的 I/O 接口侧面图，图 6-21（b）为松下 A5 伺服驱动器的 I/O 接口尺寸图，图 6-21（c）为三菱 MR-JE-10A 伺服驱动器的 I/O 接口引脚编号图。

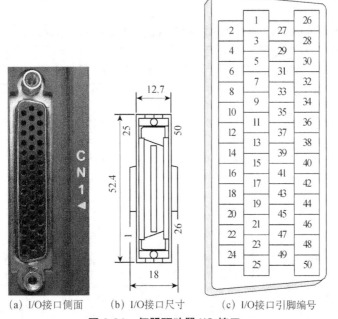

(a) I/O接口侧面　　(b) I/O接口尺寸　　(c) I/O接口引脚编号

图 6-21 伺服驱动器 I/O 接口

台达 ASDA-B2 伺服驱动器 CN1 I/O 接口引脚的分配、松下 A5 系列伺服驱动器 X4 I/O 接口引脚的分配，从插头焊锡侧看分别如图 6-22 和图 6-23 所示。

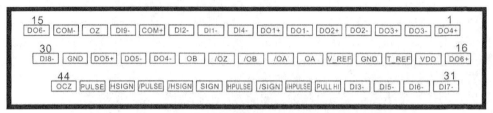

图 6-22　台达 ASDA-B2 伺服驱动器 CN1 I/O 接口引脚的分配

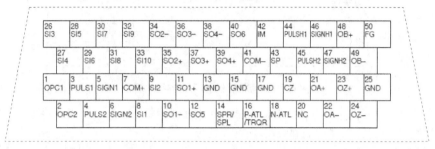

图 6-23　松下 A5 系列伺服驱动器 X4 I/O 接口引脚的分配

由于驱动器有多种操作模式，而各种操作模式所需用到的 I/O 信号不尽相同，为了更有效地利用端子，I/O 信号的选择必须采用可规划的方式，用户先根据自己的需要选择操作模式，然后选择 I/O 的信号功能。台达 ASDA-B2 伺服驱动器、松下 A5 伺服驱动器和三菱 MR-JE-10A 伺服驱动器，这三种伺服驱动器的 DO、SO 和 O 引脚为数字量（开关量）输出。这些 I/O 接口引脚在出厂时便分配了默认的功能，也可以通过参数来设定和修改这些功能。特殊引脚的功能是固定不能修改的。下面分别进行详细论述。

台达 ASDA-B2 伺服驱动器 CN1 I/O 接口引脚的编号、连接的信号名称及其实现的功能见表 6-1。

表 6-1　台达 ASDA-B2 伺服驱动器 CN1 I/O 接口引脚

Pin No	信号名称	功能	Pin No	信号名称	功能	Pin No	信号名称	功能
1	DO4+	数字量输出	16	DO6+	数字量输出	31	DI7−	数字量输入
2	DO3−	数字量输出	17	VDD	+24V 电源输出	32	DI6−	数字量输入
3	DO3+	数字量输出	18	T_REF	模拟量输入转矩	33	DI5−	数字量输入
4	DO2−	数字量输出	19	GND	电源地	34	DI3−	数字量输入
5	DO2+	数字量输出	20	V_REF	模拟量输入速度	35	PULL HI	指令脉冲的外加电源
6	DO1−	数字量输出	21	OA	编码器 A 相脉冲输出	36	/HPULSE	高速位置指令脉冲−
7	DO1+	数字量输出	22	/OA	编码器/A 相脉冲输出	37	/SIGN	位置指令脉冲（−）
8	DI4−	数字量输入	23	/OB	编码器/B 相输出	38	HPULSE	高速位置指令脉冲+
9	DI1−	数字量输入	24	/OZ	编码器/Z 相脉冲输出	39	SIGN	位置指令方向+
10	DI2−	数字量输入	25	OB	编码器 B 相输出	40	/HSIGN	高速位置指令方向（−）

Pin No	信号名称	功能	Pin No	信号名称	功能	Pin No	信号名称	功能
11	COM+	电源输入端（12~24V）	26	DO4−	数字量输出	41	/PULSE	脉冲（一）
12	DI9−	数字量输入	27	DO5−	数字量输出	42	HSIGN	高速位置指令方向（+）
13	OZ	编码器 Z 脉冲差动输出	28	DO5+	数字量输出	43	PULSE	脉冲（+）
14	COM−	接外部电源负极	29	GND	VDD（24V）电源地	44	OCZ	开集极输出
15	DO6−	数字量输出	30	DI8−	数字量输入			

注：Pin No 为引脚编号。

台达 ASDA-B2 伺服驱动器 CN1 I/O 接口特殊引脚的功能说明见表 6-2。

表 6-2 台达 ASDA-B2 伺服驱动器 CN1 I/O 接口特殊引脚的功能说明

信号名称		Pin No	功能
模拟量（输入）	V_REF	20	电动机的模拟量调速输入电压为−10V~+10V，对应电动机转速为−3000~+3000r/min，也可通过参数改变转速的范围。
	T_REF	18	电动机模拟量转矩输入，默认为−10V~+10V，控制−100%~+100%的额定转矩输出
位置指令脉冲（输入）	PULSE	43	位置指令脉冲输入，可以用差动（Line Driver，单相最高脉冲频率为 500kHz）或集极开路（单相最高脉冲频率为 200kHz）的方式输入，指令的形式也可分成三种（正逆转脉冲、脉冲与方向、AB 相脉冲），由参数 P1-00 来选择指令形式。
	/PULSE	41	
	SIGN	39	
	/SIGN	37	当位置指令脉冲使用集极开路方式输入时，必须将本端子连接至一外加电源，作为提升准位用。"/"表示负端，伺服驱动器内部 43 与 41、39 与 37 引脚之间为双向光耦，既可以接低电平也可以接高电平，注意构成回路即可。要求 5V 电压输入，若 24V 输入应该串联 2.2kΩ 的电阻
	PULL HI	35	
高速位置指令脉冲（输入）	HPULSE	38	高速位置指令脉冲，只接受差动（+5V，Line Drive）方式输入，单相最高脉冲频率为 4MHz；指令的形式有三种，即 AB 相、CW+CCW 与脉冲加方式，详细参考参数 P1-00
	/HPULSE	36	
	HSIGN	42	
	/HSIGN	40	
编码器脉冲（输出）	OA	21	将编码器的 A、B、Z 相信号以差动方式输出
	/OA	22	
	OB	25	
	/OB	23	
	OZ	13	
	/OZ	24	
	OCZ	44	集极开路方式输出
电源	VDD	17	VDD 是驱动器所提供的+24V 电源正极输出，用以提供 DI 与 DO 信号用电源，最大输出电流为 500mA
	COM+	11	COM+是 DI 与 DO 的电压输入共同端，当电压使用 VDD 时，必须将 VDD 连接至 COM+。若不使用 VDD 供电，也可以有外加（+12V~+24V）电源供电，此外加电源的正端必须连至 COM+，而负端连接至 COM−
	COM−	14	
	GND	19	VDD 电压的基准是 GND

I/O 接口的一般引脚在出厂时便分配了默认的功能，这样能满足一般应用的需求。表 6-3 列出台达 ASDA-B2 伺服驱动器 CN1 I/O 接口默认的 DI/DO 信号名称、适用的操作模式（ALL：全部操作模式都有效；PT：位置控制；S：速度控制；T：力矩控制；Sz：零速度/内部速度寄存器指令；Tz：零转矩/内部转矩寄存器指令）、引脚编号和功能。

表 6-3　台达 ASDA-B2 伺服驱动器 CN1 I/O 接口 DI/DO

信号名称	操作模式	Pin No	功能
SON	ALL	9	为 ON 时，伺服回路启动，电动机线圈激磁
ARST	ALL	33	当报警（ALRM）发生后，此信号用来重置驱动器，使 Ready（SRDY）信号重新输出
GAINUP	ALL	—	用来切换控制器增益
CCLR	PT	10	清除偏差计数器
ZCLAMP	ALL	—	当此信号为 ON，且电动机速度小于参数 P1-38 设定时，将电动机位置锁定于信号发生的瞬间位置
CMDINV	T，S	—	当此信号为 ON，电动机运动方向反转
TRQLM	S，Sz	10	ON 代表扭力限制指令有效
SPDLM	T，Tz	10	ON 代表速度限制指令有效
STOP	—	—	停止

信号名称	操作模式	Pin No	功能
SPD0		34	选择速度指令的来源：
SPD1	S，Sz，PT-S，S-T	8	

选择速度指令的来源：

SPD1	SPD0	指令来源
0	0	S 模式为模拟输入：Sz 模式为 0
0	1	P1-09
1	0	P1-10
1	1	P1-11

信号名称	操作模式	Pin No	功能
TCM0	PT，T，Tz，PT-T	34	选择转矩指令的来源：
TCM1	S-T	8	

选择转矩指令的来源：

TCM1	TCM0	指令来源
0	0	T 模式为模拟输入：Tz 模式为 0
0	1	P1-12
1	0	P1-13
1	1	P1-14

信号名称	操作模式	Pin No	功能
S-P	PT-S	31	混合模式切换，OFF：速度；ON：位置
S-T	S-T	31	混合模式切换，OFF：速度；ON：转矩
T-P	PT-T	31	混合模式切换，OFF：转矩；ON：位置
EMGS	ALL	30	为 B 接点，必须时常导通（ON），否则驱动器显示报警（ALRM）
NL（CWL）	PT，S，T Sz，Tz	32	逆向运转禁止极限，为 B 接点，必须时常导通（ON），否则驱动器显示报警（ALRM）
PL（CCWL）	PT，S，T Sz，Tz	31	正向运转禁止极限，为 B 接点，必须时常导通（ON），否则驱动器显示报警（ALRM）
TLLM	无	—	反方向运转扭矩限制
TRLM	无	—	正方向运转扭矩限制
JOGU	ALL	—	此信号接通时，电动机正方向寸动转动
JOGD	ALL	—	此信号接通时，电动机反方向寸动转动
GNUM0	PT，PT-S	—	电子齿轮比分子选择 0（可选择的齿轮比分子值请参考 P2-60~P2-62）
GNUM1	PT，PT-S，	—	电子齿轮比分子选择 1（可选择的齿轮比分子值请参考 P2-60~P2-62）
INHP	PT，PT-S	—	脉冲禁止输入。在位置控制模式下，此信号接通时，外部脉冲输入指令无作用

　　如果默认的 DI/DO 信号无法满足需求，自行设定 DI/DO 信号功能的方法也很简单，台达 ASDA-B2 伺服驱动器 DI1~DI9 与 DO1~DO6 的信号功能由参数 P2-10~P2-17、P2-36 与参数 P2-18~P2-22、P2-37 来设定。在对应参数中输入需要功能的参数值，即可设定此 DI/DO 的功能。台达 ASDA-B2 伺服驱动器 DI/DO 接口的引脚编号及对应的设置参数对应见表 6-4。

表 6-4　台达 ASDA-B2 伺服驱动器 DI/DO 接口的引脚编号及对应参数设置

信号名称	Pin No	对应参数	信号名称	Pin No	对应参数
DI1−	CN1-9	P2-10	DO1+	CN1-7	P2-18
DI2−	CN1-10	P2-11	DO1−	CN1-6	
DI3−	CN1-34	P2-12	DO2+	CN1-5	P2-19
DI4−	CN1-8	P2-13	DO2−	CN1-4	
DI5−	CN1-33	P2-14	DO3+	CN1-3	P2-20
DI6−	CN1-32	P2-15	DO3−	CN1-2	
DI7−	CN1-31	P2-16	DO4+	CN1-1	P2-21
DI8−	CN1-30	P2-17	DO4−	CN1-26	
DI9−	CN1-12	P2-36	DO5+	CN1-28	P2-22
			DO5−	CN1-27	
			DO6+	CN1-16	P2-37
			DO6−	CN1-15	

　　松下 A5 伺服驱动器 X4 输入输出接口分类，SI：数字信号输入；PI1：脉冲输入；PI2：长线驱动专用脉冲串输入；AI：模拟指令输入；SO 数字信号输出；PO1：长线驱动（差动）输出；PO2：集电极开路输出；AO：模拟监视输出。松下 A5 伺服驱动器 X4 接口引脚编号、符号、信号名称和功能见表 6-5。

表 6-5　松下 A5 伺服驱动器 X4 接口引脚编号、符号、信号名称和功能

Pin No	符号	信号名称和功能	Pin No	符号	信号名称和功能	Pin No	符号	信号名称和功能
1	OPC1	指令脉冲输入串电阻端	18	AI3	AI3 输入	35	SO2+	SO2+输出
2	OPC2	指令符号输入串电阻端	19	CZ	Z 相开路集电极输出	36	SO3−	SO3−输出
3	PULS1	指令脉冲输入 2	20	NC		37	SO3+	SO3+输出
4	PULS2	指令脉冲输入 2	21	OA+	编码器 A 输出	38	SO4−	SO4−输出
5	SIGN1	指令符号输入 2	22	OA−	编码器 A 输出	39	SO4+	SO4+输出
6	SIGN2	指令符号输入 2	23	OZ	编码器 Z 输出	40	SO6	SO6 输出
7	COM+	控制信号用电源+	24	OZ−	编码器 Z 输出	41	COM−	控制信号用电源−
8	SI1	SI1 输入	25	GND	信号接地	42	IM	转矩监视输出
9	SI2	SI2 输入	26	SI3	SI3 输入	43	SP	速度监视输出
10	SO1−	SO1−输出	27	SI4	SI4 输入	44	PULSH1	指令脉冲输入 1
11	SO1+	SO1+输出	28	SI5	SI5 输入	45	PULSH2	指令脉冲输入 1
12	SO5	SO5 输出	29	SI6	SI6 输入	46	SIGNH1	指令符号输入 1
13	GND	信号接地	30	SI7	SI7 输入	47	SIGNH2	指令符号输入 1
14	AI1	AI1 输入	31	SI8	SI8 输入	48	OB+	编码器 B 相输出
15	GND	信号接地	32	SI9	SI9 输入	49	OB−	编码器 B 相输出
16	AI2	AI2 输入	33	SI10	SI10 输入	50	FG	外壳接地
17	GND	信号接地	34	SO2−	SO2-输出			

　　松下 A5 伺服驱动器数字量输入 SI 和输出 SO 的引脚编号、对应的可以改变其功能的设定参数及出厂默认设定见表 6-6。

表 6-6　松下 A5 伺服驱动器 SI 和 SO 的引脚编号、对应参数及出厂默认设定

Pin No	对应参数	出厂默认设定					
		位置控制/全闭环控制		速度控制		转矩控制	
		信号	逻辑	信号	逻辑	信号	逻辑
8	Pr4.00	NOT 负方向驱动禁止	b 接	NOT 负方向驱动禁止	b 接	NOT	b 接
9	Pr4.01	POT 正方向驱动禁止	b 接	POT 正方向驱动禁止	b 接	POT	b 接
26	Pr4.02	VS-SEL1 减振控制切换输入 1	a 接	ZEROSPD 零速度箝位输入	b 接	ZEROSPD	b 接
27	Pr4.03	GAIN 增益切换输入	a 接	GAIN	a 接	GAIN	a 接
28	Pr4.04	DIV1 指令分倍频转换输入 1	a 接	INTSPD3 内部指令速度选择 3 输入	a 接	—	—
29	Pr4.05	SRV-ON 伺服开启（电动机通电/不通电）信号	a 接	SRV-ON 伺服开启（电动机通电/不通电）信号	a 接	SRV-ON	a 接
30	Pr4.06	CL 消除偏差	a 接	INTSPD2 内部指令速度选择 2 输入	a 接	—	—
31	Pr4.07	A-CLR 接触报警	a 接	A-CLR 接触报警	a 接	A-CLR	a 接
32	Pr4.08	C-MODE 切换控制模式	a 接	C-MODE 切换控制模式	a 接	C-MODE	a 接
33	Pr4.09	INH 无视位置指令脉冲	b 接	INTSPD1 内部指令速度选择 1 输入	a 接	—	—
10 11	Pr4.10	BRK-OFF 外部制动器解除信号		BRK-OFF		BRK-OFF	
34 35	Pr4.11	S-RDY 伺服准备输出		S-RDY		S-RDY	
36 37	Pr4.12	ALM 伺服报警输出		ALM		ALM	
38 39	Pr4.13	INP 定位结束		AT-SPEED 速度到达输出		AT-SPEED	
12	Pr4.14	ZSP 零速度检出信号		ZSP		ZSP	
40	Pr4.15	TLC 转矩限制中信号输出		TLC		TLC	

注：逻辑 a 接，连接 COM– 的输入信号打开，功能无效（OFF 状态）；接通，功能有效（ON 状态）。

逻辑 b 接，连接 COM– 的输入信号打开，功能有效（ON 状态）；接通，功能无效（OFF 状态）。

松下 A5 伺服驱动器模拟量输入 AI 和输出 AO 的引脚编号、功能符号、功能名称和对应参数见表 6-7。

表 6-7　松下 A5 伺服驱动器 AI 和 AO 引脚

Pin No	功能符号	功能名称	对应参数
14	SPR	模拟电压输入速度指令	Pr3.00，Pr3.01，Pr3.03
	SPL	速度限制输入	
	TRQR	模拟电压输入速度指令	
16	TRQR	模拟电压输入速度指令	Pr3.17，Pr3.18，Pr3.20
	P-ATL	正方向转矩限位输入	Pr5.21
18	N-ATL	负方向转矩限位输入	Pr5.21
42	IM	转矩监视输出	Pr4.18
43	SP	速度监视输出	Pr4.16

三菱 MR-JE-10A 伺服驱动器 CN1 接口的引脚编号和在不同控制模式下的信号功能见表 6-8。

表 6-8　三菱 MR-JE- 10A 伺服驱动器 CN1 接口的引脚

Pin No	I/O	控制模式时的输入/输出信号						相关参数
		P	P/S	S	S/T	T	T/P	
2	I		-/VC	VC	VC/VLA	VLA	VLA/-	
3		LG	LG	LG	LG	LG	LG	
4	O	LA	LA	LA	LA	LA	LA	
5	O	LAR	LAR	LAR	LAR	LAR	LAR	
6	O	LB	LB	LB	LB	LB	LB	
7	O	LBR	LBR	LBR	LBR	LBR	LBR	
8	O	LZ	LZ	LZ	LZ	LZ	LZ	
9	O	LZR	LZR	LZR	LZR	LZR	LZR	
10	I	PP	PP/-				-/PP	
11	I	PG	PG/-				-/PG	
12		OPC	OPC/-				-/OPC	
13	O	SDP	SDP	SDP	SDP	SDP	SDP	
14	O	SDN	SDN	SDN	SDN	SDN	SDN	
15	I	SON	SON	SON	SON	SON	SON	Pr. PD03 · Pr. PD04
16								
17								
18								
19	I	RES	RES/ST	ST1	ST1/RS2	RS2	RS2/RES	Pr. PD11 · Pr. PD12
20		DICOM	DICOM	DICOM	DICOM	DICOM	DICOM	
21		DICOM	DICOM	DICOM	DICOM	DICOM	DICOM	
22								
23	O	ZSP	ZSP	ZSP	ZSP	ZSP	ZSP	Pr. PD24
24	O	INP	INP/SA	SA	SA/-		-/INP	Pr. PD25
25								
26	O	MO1	MO1	MO1	MO1	MO1	MO1	Pr. PC14
27	I	TLA	TLA	TLA	TLA/TC	TC	TC/TLA	
28		LG	LG	LG	LG	LG	LG	
29	O	MO2	MO2	MO2	MO2	MO2	MO2	Pr. PC15
30		LG	LG	LG	LG	LG	LG	
31	I	TRE	TRE	TRE	TRE	TRE	TRE	
32								
33	O	OP	OP	OP	OP	OP	OP	
34		LG	LG	LG	LG	LG	LG	
35	I	NP	NP/-				-/NP	
36	I	NG	NG/-				-/NG	
37								
38								

Pin No	I/O	控制模式时的输入/输出信号						相关参数
		P	P/S	S	S/T	T	T/P	
39	I	RDP	RDP	RDP	RDP	RDP	RDP	
40	I	RDN	RDN	RDN	RDN	RDN	RDN	
41	I	CR	CR/ST2	ST2	ST2/RS1	RS1	RS1/CR	Pr. PD13 • Pr. PD14
42	I	EM2	EM2	EM2	EM2	EM2	EM2	
43	I	LSP	LSP	LSP	LSP/−		−/LSP	Pr. PD17 • Pr. PD18
44	I	LSN	LSN	LSN	LSN/−		−/LSN	Pr. PD19 • Pr. PD20
45								
46		DOCOM	DOCO	DOCOM	DOCOM	DOCOM	DOCOM	
47		DOCOM	DOCO	DOCOM	DOCOM	DOCOM	DOCOM	
48	O	ALM	ALM	ALM	ALM	ALM	ALM	
49	O	RD	RD	RD	RD	RD	RD	Pr. PD28
50								

注：①I——输入信号；O——输出信号；P——位置控制模式；S——速度控制模式；T——转矩控制模式；P/S——位置/速度控制切换模式；S/T——速度/转矩控制切换模式；T/P——转矩/位置控制切换模式。如果在[Pr. PD03]、[Pr. PD11]、[Pr. PD13]、[Pr. PD17] 以及 [Pr. PD19]中设置可以使用 TL（外部转矩限制选择），从而能够使用 TLA。

②SON——伺服驱动器开始，要使伺服电动机工作，伺服驱动器开始信号一定要接通。

③LSP——正转行程末端，此信号接通，则伺服电动机可以正转，若此信号断开，则伺服电动机将停止正转，即伺服电动机正转过程中此信号一定要接通。

④LSN——反转行程末端，此信号与 LSP 类似。

⑤EMG——紧急停止，伺服驱动器运行过程中此信号断开，则伺服驱动器停止，因此此信号一定要接通。

（2）I/O 内部电路原理图

速度与转矩模拟指令输入有效电压范围为−10～+10V。电压范围对应的指令值可由相关参数来设定，输入电阻一般为10kΩ。模拟量电压输入/输出电路如图 6-24 所示。

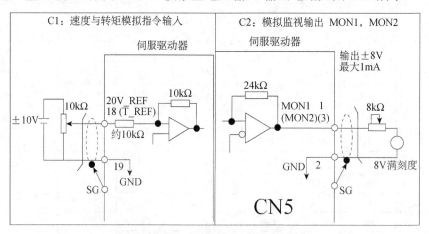

图 6-24　模拟量输入/输出电路

脉冲指令可使用集电极开路方式或差动方式输入，内部电路均采用光耦隔离，差动方式和集电极开路方式的最大输入脉冲频率均有要求。松下 A5、三菱 MR-JE-10A 伺服驱动器高速脉冲输入内部电路分别如图 6-25 至图 6-27 所示。强烈建议：不可双电源输入，以免烧毁驱动器。

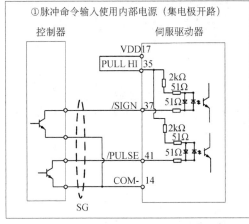

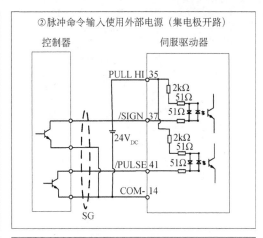

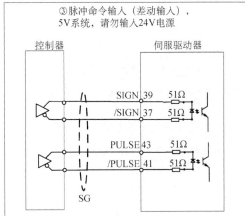

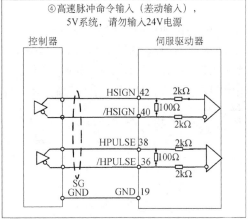

图 6-25　台达 ASDA-B2 伺服驱动器高速脉冲输入内部电路

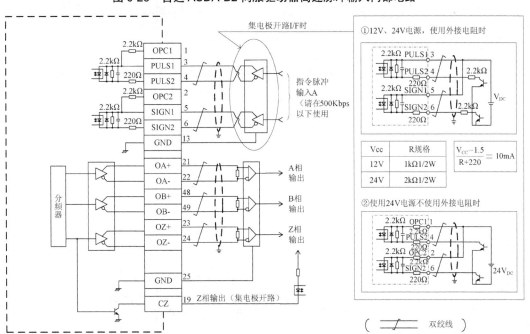

图 6-26　松下 A5 伺服驱动器高速脉冲输入内部电路

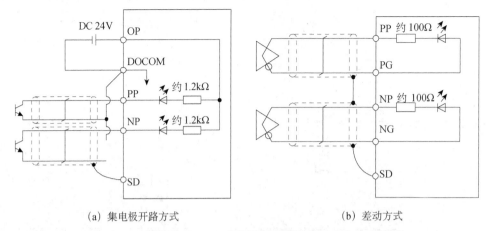

（a）集电极开路方式 （b）差动方式

图 6-27 三菱 MR-JE-10A 伺服驱动器高速脉冲输入内部电路

（3）编码器和伺服电动机的连接

台达 ASDA-B2、松下 A5、三菱 MR-JE-10A 伺服驱动器与伺服电动机编码器的接口分别为 CN2、X6、CN2，如图 6-15 至 6-17 所示。台达 ASDA-B2 驱动器与编码器的接口引脚编号及功能如图 6-28 所示，松下 A5 增量式编码器和伺服电动机的连接如图 6-29 所示。

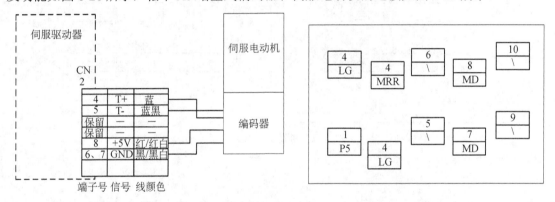

（a）台达 ASDA-B2 伺服驱动器与伺服电动机编码器的接口 （b）三菱 MR-JE-10A 伺服驱动器与伺服电动机编码器的接口

图 6-28 台达 ASDA-B2 驱动器与编码器的接口引脚编号及功能

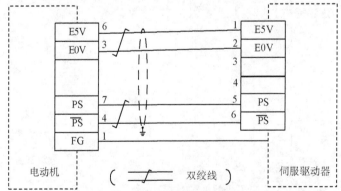

图 6-29 松下 A5 增量式编码器与伺服电动机的连接

4）通信接口

台达 ASDA-B2 伺服驱动器 CN3 通信接口实物如图 6-30 所示，接口引脚如图 6-31 所示，通信接口引脚编号、信号名称、引脚记号和功能说明见表 6-9。台达 ASDA-B2 伺服驱动器同时具有串口 RS-232 和 RS-485，既可以与上位机串口通信，也可以与计算机连接，使用台达伺服驱动器软件 ASDA Soft 可实现示波器监控、装置监控、报警监控、数位输入/输出控制、参数编辑、自动调整功能等。

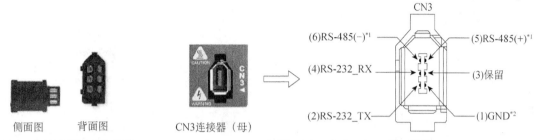

图 6-30   台达 ASDA-B2 伺服
驱动器 CN3 通信口接口实物

图 6-31   台达 ASDA-B2 伺服
驱动器 CN3 通信接口引脚

表 6-9   台达 ASDA-B2 伺服驱动器 CN3 通信接口引脚

Pin No	信号名称	引脚记号	功能说明
1	信号接地	GND	+5V 与信号端接地
2	RS-232 数据传送	RS-232_TX	驱动器数据传送端连接至 PC 的 RS-232 接收端
3	—	—	保留
4	RS-232 数据接收	RS-232_RX	驱动器数据接收端连接至 PC 的 RS-232 传送端
5	RS-485 数据传送	RS-485（+）	驱动器数据传送差动＋端
6	RS-485 数据传送	RS-485（−）	驱动器数据传送差动－端

松下 A5 伺服驱动器通信接口 X2，提供 RS-232 和 RS-485 与上位控制器通信，从电缆侧观看的引脚编号如图 6-32 所示，X2 通信接口引脚说明见表 6-10。

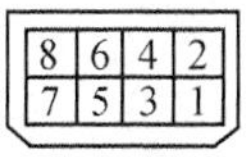

表 6-10   松下 A5 伺服驱动器 X2 通信接口引脚

适用	记号	连接器引线号	内容
信号接地	GND	1	已连接至控制电路的地
NC	—	2	请勿连接
RS-232 信号	TXD	3	RS-232 收发信号
	RXD	4	
RS-485 信号	RS-485−	5	RS-485 收发信号
	RS-485+	6	
	RS-485−	7	
	RS-485+	8	
框体接地	FG	壳体	已在伺服驱动器内部与保护地线端子连接

图 6-32   松下 A5 伺服驱动器 X2 引脚编号

松下 A5 伺服驱动器的 X1 和三菱 MR-JE-10A 伺服驱动器的 CN3 均为大口 USB，可以连接计算机，用软件进行参数的变更设置和监控。

3. 伺服驱动器的安装和系统配线

伺服驱动器与伺服电动机的连线不能拉紧。固定伺服驱动器时，必须在每个固定处确实锁紧。安装方向必须依规定，否则会造成故障。为了使冷却循环效果良好，安装伺服驱动器时，其上下左右与相邻的物品与挡板（墙）必须保持足够的空间，否则会造成故障。伺服驱动器在安装时其吸排气孔不可封住，也不可颠倒放置，否则会造成故障。

台达 ASDA-B2 伺服驱动器、松下 A5 伺服驱动器、三菱 MR-JE-10A 伺服驱动器的系统结构和配线分别如图 6-33 至图 6-35 所示。

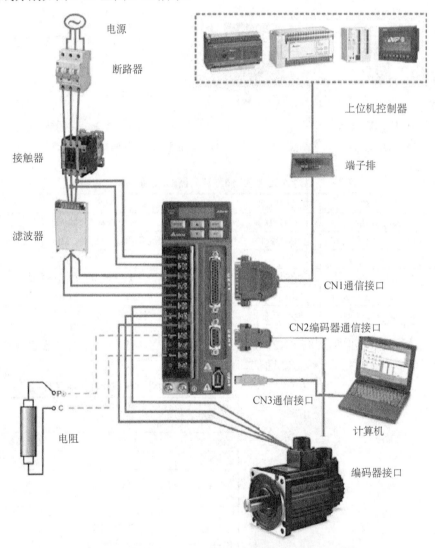

图 6-33 台达 ASDA-B2 伺服驱动器的系统结构和配线

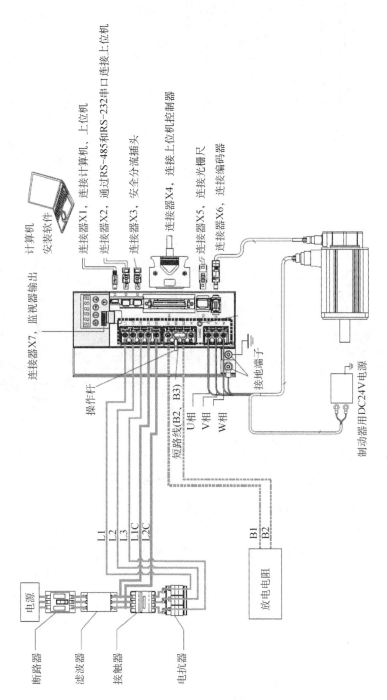

图 6-34　松下 A5 伺服的系统结构和配线

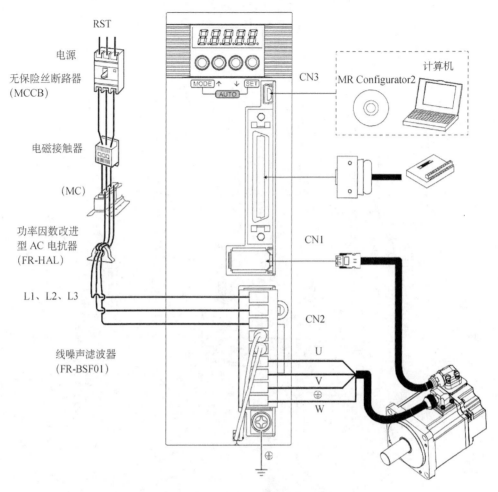

图 6-35　三菱 MR-JE-10A 伺服驱动器的系统结构和配线

　　主电路及主控制电路连接端子参考图 6-33 至图 6-35，实验设备上这三种小型伺服驱动器的供电电源均为 220V 交流电。如果接入 220V 单相交流电，电源的 L 和 N 分别接台达 ASDA-B2 伺服驱动器的电源端子 S、T（R 端子悬空）和主控电路 L1c 和 L2c，松下 A5 伺服驱动器电源端子 L1、L3（L2 悬空）和主控电路 L1c 和 L2c，三菱 MR-JE-10A 伺服驱动器电源端子 L1、L3（L2 悬空）。在工业应用中，电源和伺服驱动器的电源端子间须连接交流接触器，并使伺服驱动器的电源侧能够在过电流等故障时确保切断电源。若未连接交流接触器，在伺服驱动器发生故障，持续通过大电流时，可能会造成火灾。

　　与电源线的连接方法，台达伺服驱动器采用十字螺钉连接导线，松下和三菱伺服驱动器有两种连接方式，使用驱动器附带的操作杆或使用刀尖宽度为 3.0～3.5mm 的一字螺丝刀，如图 6-36 所示，操作方法请扫描二维码观看。

　　伺服驱动器输出端 U、V、W 依次连接台达伺服电动机和松下伺服电动机的 1、2、3，三菱伺服电动机的 U、V、W，不能发生相序错误。伺服报警信号接入内部电磁制动器。

4. 面板显示及操作

1）台达 ASDA-B2 伺服驱动器操作面板的显示及操作

（1）操作面板

台达 ASDA-B2 伺服驱动器操作面板各部分名称如图 6-37 所示，各部分功能见表 6-11。

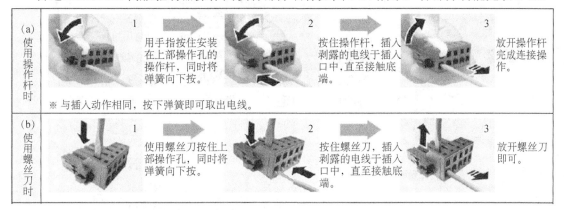

图 6-36　向连接器插入电线

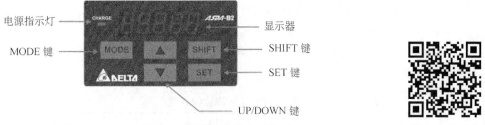

图 6-37　台达 ASDA-B2 伺服驱动器操作面板各部分名称　　　　伺服驱动器的接线

表 6-11　ASDA-B2 台达伺服驱动器操作面板各部分功能

名　称	功　能
显示器	5 组七段显示器用于显示监视值、参数值及设定值
电源指示灯	主电源回路电容量的充电显示
MODE 键	切换监视模式/参数模式/报警模式，在编辑模式时，按 MODE 键可跳转到参数模式
SHIFT 键	参数模式下可改变群组码；编辑模式下闪烁字符左移可用于修正闪烁的字符值； 监视模式下可切换高/低位数显示
UP 键	变更监视码、参数码或设定值
DOWN 键	变更监视码、参数码或设定值
SET 键	显示及储存设定值。监视模式下可切换为十/十六进制显示；在参数模式下，按 SET 键可进入编辑模式

（2）参数设置操作说明

伺服驱动器电源接通时，显示器会先持续显示监视变量符号，然后才进入监视模式。参数设置方法如图 6-38 所示。

按"MODE"键可在参数模式、监视模式、报警模式间切换，若无报警发生则略过报警模式。

当有新的报警发生时，无论在何种模式下都会马上切换到报警模式，按"MODE"键可以切换到其他模式，当连续 20s 没有任何键被按下，则会自动切换至报警模式。

在监视模式下，若按下"UP/DOWN"键可切换监视变量，此时监视变量符号会持续显示约 1s。

在参数模式下，按"SHIFT"键时可切换群组码，按"UP/DOWN"键可变更后两字符参数码。

在参数模式下，按"SET"键，系统立即进入编辑模式，显示器会同时显示此参数对应的设定值，此时可利用"UP/DOWN"键修改参数值，或按"MODE"键脱离编辑模式并回到参数模式。

在编辑模式下，可按"SHIFT"键切换群组码，再利用"UP/DOWN"键快速修正较高的设定字符值。

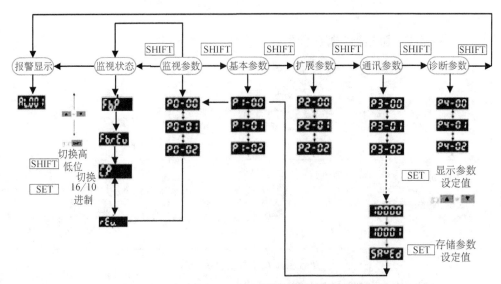

图 6-38　台达 ASDA-B2 伺服驱动器参数设置方法

设定值修正完毕后，按下"SET"键，即可进行参数存储或执行相关指令。

完成参数设定后，显示器会显示结束代码"SAVED"，并自动切换到参数模式。参数正确设置或无法设置的原因见表 6-12。

表 6-12　参数正确设置或无法设置的原因

显示符号	内容说明
SAVEd.	设定值正确，存储结束（Saved）
r-OLY.	只读参数，写入禁止（Read-Only）
LocY.d.	密码输入错误或未输入密码（Locked）
Out-r.	设定值不正确或保留设定值（Out of Range）
SruOn.	伺服驱动器启动中无法输入（Servo On）
Po-On.	此参数须重新开机才有效（Power On）

2）松下 A5 伺服驱动器操作面板的显示及操作

松下 A5 伺服驱动器操作面板各部分名称及相关说明如图 6-39 所示，各按键的说明见表 6-13。

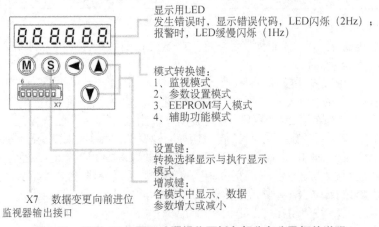

显示用LED
发生错误时，显示错误代码，LED闪烁（2Hz）；
报警时，LED缓慢闪烁（1Hz）

模式转换键：
1、监视模式
2、参数设置模式
3、EEPROM写入模式
4、辅助功能模式

设置键：
转换选择显示与执行显示
模式

增减键：
各模式中显示、数据
参数增大或减小

X7　数据变更向前进位
监视器输出接口

图 6-39　松下 A5 伺服驱动器操作面板各部分名称及相关说明

表 6-13 松下 A5 伺服驱动器操作面板按键说明

按键	按键说明	激活条件	功能
（M MODE 模式键图标）	模式键	在模式显示时有效	在以下 5 种模式之间切换： 1）监视模式；2）参数模式； 3）EEPROM 写入模式；4）自动调整模式； 5）辅助功能模式
SET	设置键	一直有效	用来在模式显示和执行显示之间切换
▲ ▼	增减键	仅对小数点闪烁的一位数据位有效	改变模式下的显示内容、更改参数、选择参数或执行选中的操作
◄	移位键		把移动的小数点移动到更高位

操作面板操作说明：

参数设置，先按"SET"键，再按"MODE"键选择 "Pr00"后，按向上、向下或向左的方向键选择需要设置的参数，按"SET"键进入。然后按向上、向下或向左的方向键调整参数值，调整完后，长按"S"键返回，选择其他项进行调整。

参数保存：按"M"键，选择"EE-SET"后按"Set"键确认，出现"EEP-"，然后按向上键 3s，出现"FINISH"或"RESET"，重新上电即保存。

3）三菱 MR-JE-10A 伺服驱动器操作面板的显示及操作

三菱 MR-JE-10A 伺服驱动器通过显示部分（5 位的七段 LED）和操作部分（4 个按键）对伺服放大器的状态、报警、参数等进行显示和设置操作，如图 6-40 所示。此外，同时按下"MODE"与"SET"键 3s 以上，即跳转至一键式调整模式。

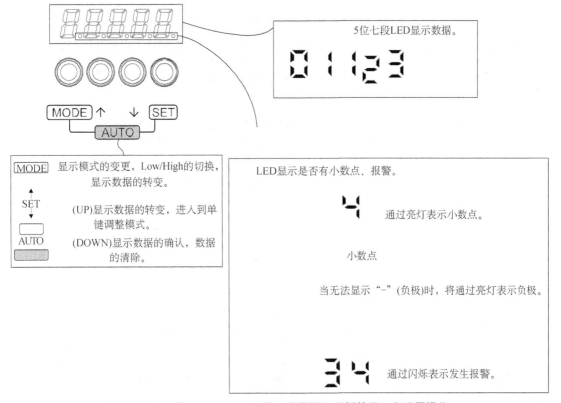

图 6-40 三菱 MR-JE-10A 伺服驱动器操作面板的显示和设置操作

　　按下"MODE"按键一次后将会进入到下一个显示模式，各显示模式的显示内容及功能说明见表6-14。

表 6-14　各显示模式的显示内容及功能说明

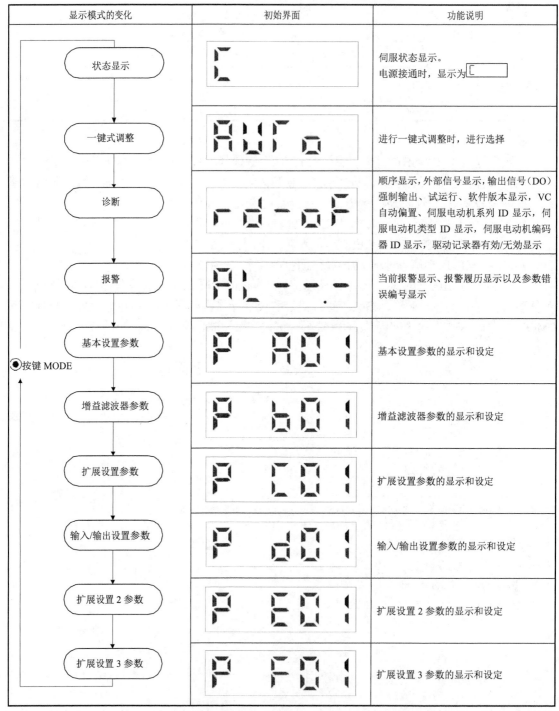

显示模式的变化	初始界面	功能说明
状态显示	⎡	伺服状态显示。 电源接通时，显示为 ⎡
一键式调整	AUTo	进行一键式调整时，进行选择
诊断	rd-oF	顺序显示，外部信号显示，输出信号（DO）强制输出、试运行、软件版本显示，VC自动偏置、伺服电动机系列 ID 显示，伺服电动机类型 ID 显示，伺服电动机编码器 ID 显示，驱动记录器有效/无效显示
报警	AL--.-	当前报警显示、报警履历显示以及参数错误编号显示
基本设置参数	P A01	基本设置参数的显示和设定
增益滤波器参数	P b01	增益滤波器参数的显示和设定
扩展设置参数	P C01	扩展设置参数的显示和设定
输入/输出设置参数	P d01	输入/输出设置参数的显示和设定
扩展设置 2 参数	P E01	扩展设置 2 参数的显示和设定
扩展设置 3 参数	P F01	扩展设置 3 参数的显示和设定

按键 MODE

注：在通过 MR Configurator2 在伺服放大器中对轴名称进行设置后，在显示轴名称之后将会显示伺服的状态。

通过"MODE"键进入参数模式，在按下"UP"或"DOWN"键之后显示内容将按照如图 6-41 所示的顺序进行转换。

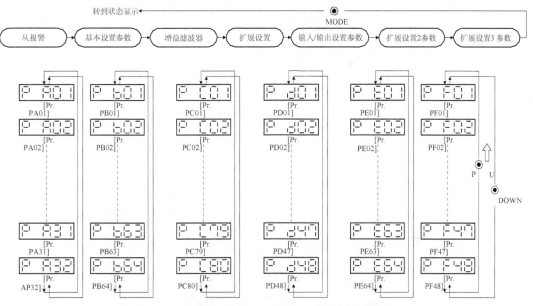

图 6-41 三菱 MR-JE-10A 伺服驱动器的参数模式

操作方法：

①5 位以下的参数。

在 Pr. PA01 运行模式转换为速度控制模式时，接通电源后的操作方法如图 6-42 所示。按下"MODE"键进入基本设置参数界面。

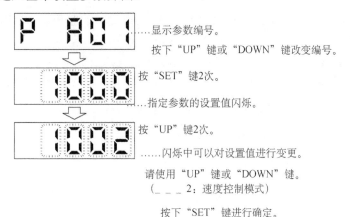

图 6-42 5 位以下参数的设置

按下"UP"或"DOWN"键，光标移动到下一个参数。更改[Pr. PA01]，需要在修改设置值后关闭一次电源，在重新接通电源后更改才会生效。

②6 位以上的参数。

以 [Pr. PA06 电子齿轮分子] 设置为"123456"为例介绍 6 位以上的参数设置，操作方法如图 6-43 所示。

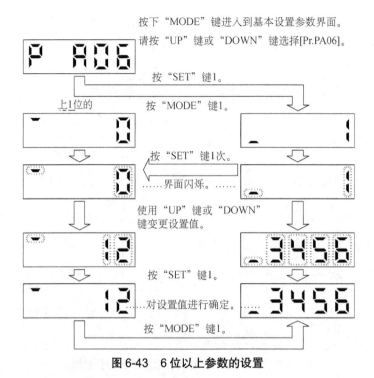

按下"MODE"键进入到基本设置参数界面。
请按"UP"键或"DOWN"键选择[Pr.PA06]。

按"SET"键1。

上1位的　　　　按"MODE"键1。

按"SET"键1次。

……界面闪烁。……

使用"UP"键或"DOWN"
键变更设置值。

按"SET"键1。

……对设置值进行确定。

按"MODE"键1。

图 6-43　6 位以上参数的设置

按下"MODE"键，进入到基本设置参数界面。
按下"UP"键或"DOWN"键选择[Pr. PA06]。

5. 伺服驱动器软件应用

台达伺服驱动器软件 ASDA Soft 是台达公司专为伺服驱动器开发的专用软件，现阶段支持 ASDA-A2、ASDA-B2 两种机型。软件功能齐全，包含示波器监控、装置监控、报警监控、数据输入/输出控制、参数编辑、自动调整功能等。ASDA-Soft 软件各界面设计得简单易操作，主界面如图 6-44 所示。

图 6-44　台达伺服驱动器软件 ASDA Soft 主界面

为各个功能建立 Help 辅助说明文档，帮助使用者在使用过程中可以第一时间找到操作方法。程序第一次运行时，请将 USB 线拔除，按下 "OK" 键后再插上 USB 线头。在 PC 上安装，可以与伺服驱动器建立起通信，操作非常方便。

在 PC 上安装松下伺服驱动器参数设置软件 Panaterm，参数设置界面如图 6-45 所示。通过 USB 电缆与伺服驱动器建立起通信，就可将伺服驱动器的参数状态读出或写入，操作非常方便。

三菱伺服驱动器的软件为 MR Configurator2，图 6-46 所示为其定位运行界面。

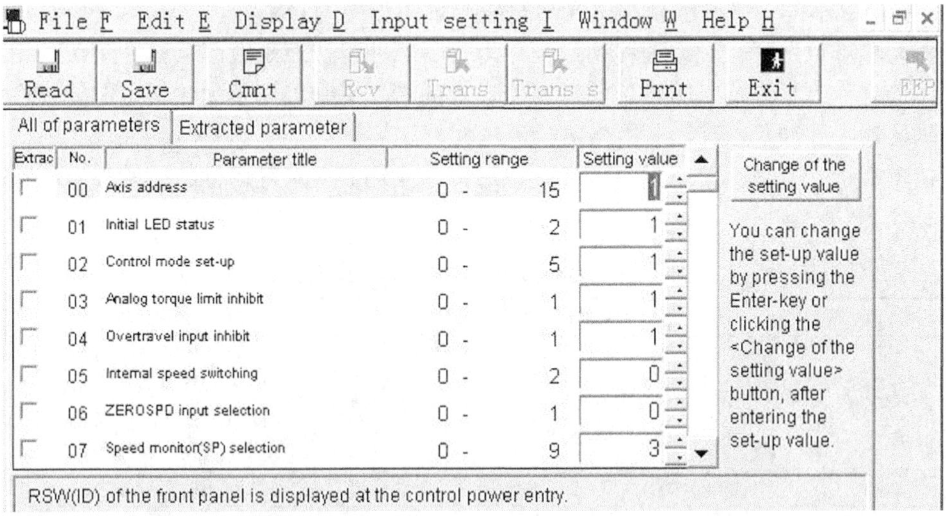

图 6-45   松下伺服驱动器参数设置软件 Panaterm 的参数设置界面

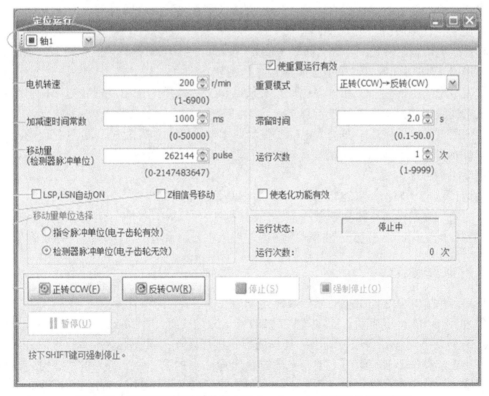

图 6-46   三菱伺服驱动器软件 MR Configurator2 的定位运行界面

图 6-46 所示界面中的相关参数设置介绍如下：

①电动机转速[r/min]　在"电动机转速"输入栏中输入伺服电动机的转速。

②加减速时间常数[ms]　在"加减速时间常数"输入栏中输入加减速时间常数。

③移动量[pulse]　在"移动量"输入栏中输入移动量。

④LSP、LSN 自动 ON　自动开启外部行程信号时，选中该复选框使其生效；不选中，在外部开启 LSP 及 LSN。

⑤Z 相信号移动　移动量和移动方向的最初 Z 相信号为 ON。

⑥移动量单位选择　设定的移动量是作为指令脉冲单位还是编码器脉冲单位，用单选按钮选择。选择作为指令输入脉冲单位时，以设定的移动量乘以电子齿轮得出的值进行移动；选择编码器输出脉冲单位时，不用与电子齿轮相乘。

⑦使重复运行有效　使用重复运行时，选中该复选框。重复运行的初始设定和设定范围见表 6-15。

表 6-15　重复运行的初始设定和设定范围

项目	初期设定值	设置范围
重复类型	正转（CCW）→反转（CW）	正转（CCW）→反转（CW） 正转（CCW）→正转（CCW） 反转（CW）→正转（CCW） 反转（CW）→反转（CW）
停留时间 [s]	2.0	0.1～50.0
动作次数[次]	1	1～9999

⑧使老化功能有效　在根据表 6-15 所设置的重复类型、停留时间进行连续运行时，应选中"使老化功能有效"复选框。

⑨伺服电动机的启动　单击"正转 CCW"按钮后伺服电动机将按照正转方向旋转；单击"反转 CW"按钮后伺服电动机将按照反转方向旋转。

⑩伺服电动机的暂停　在伺服电动机旋转时单击"暂停"按钮后伺服电动机将会暂停。该按钮在伺服电动机运行中生效。

⑪伺服电动机的停止　在伺服电动机旋转时单击"停止"按钮后，伺服电动机将会停止。

⑫强制停止　在伺服电动机旋转时单击"强制停止"按钮后，将会紧急停止。该按钮在伺服电动机运行中生效。

⑬运行状态　显示反复运行中的运行状态以及动作次数。

⑭轴编号　表示运行的轴编号。

⑮窗口的关闭　单击右上的"×"按钮之后，将会解除定位运行模式，关闭窗口。

6. 伺服驱动器的参数

（1）台达 ASD-B2 伺服驱动器参数概述

台达 ASD-B2 伺服驱动器的参数共有 187 个，分为 5 组，即 P0-xx、P1-xx、P2-xx、P3-xx、P4-xx，这些参数可以在伺服驱动器的操作面板上进行设置。伺服驱动器参数可以分为驱动器参数组和数字操作器参数组两大类。参数起始代码 P 后的第一个字符为群组字符，其后的第二个字符为参数字符。通信地址则分别由群组字符及参数字符的十六位组合而成。驱动器参数组分为五大群组，其定义见表 6-16。

表 6-16　台达 ASD-B2 伺服驱动器参数群组

群组	名称	举例
0	监控参数	（例：P0-xx）
1	基本参数	（例：P1-xx）
2	扩展参数	（例：P2-xx）
3	通信参数	（例：P3-xx）
4	诊断参数	（例：P4-xx）

详细参数可查阅《ASDA-B2 手册》。

（2）松下 A5 伺服驱动器参数概述

松下 A5 伺服驱动器参数中从左到右，第一个数字表示分类，小数点后两位为编号。参数的分类、编号、种类见表 6-17。

表 6-17　松下 A5 伺服驱动器参数的分类、编号、种类

参数编号		分类	种类
分类	NO.*		
0	00~17	基本设定	基本设定相关参数
1	00~27	增益调整	增益调整相关参数
2	00~23	振动抑制功能	振动抑制功能相关参数
3	00~29	速度、转矩、全闭环控制	速度、转矩、全闭环控制相关参数
4	00~44	I/F 监视器设定	I/F 监视器设定相关参数
5	00~35	扩展设定	扩展设定相关参数
6	00~39	特殊设定	特殊设定相关参数
	00~57		

（3）三菱伺服驱动器参数概述

三菱 MR-JE-10A 伺服驱动器参数从左到右，第一个字母表示分类，后两位为编号。参数的编号、种类、格式见表 6-18。

表 6-18　三菱 MR-JE-10A 伺服驱动器参数的编号、种类、格式

参数编号		种类	格式
分类	NO.		
A	01~32	基本设置参数	PA__
B	01~64	增益滤波器设定参数	PB__
D	01~48	输入/输出设置参数	PD__
E	01~64	扩展设置 2 参数	PE__
F	01~48	扩展设置 3 参数	PF__

单元实训

在 YL158-GA 装置中选用台达伺服驱动器和伺服电动机，在 YL-335B 装备中选用松下伺服驱动器和伺服电动机，在 815Q 中选用三菱伺服驱动器和伺服电动机，或选用其他设备。本

书以 YL158-GA 装置和 YL-335B 装备为例进行介绍。

实训任务 1　无负载检测

1. 实训器材

在 YL158-GA 装置和 YL-335B 装备中分别选用的器材见表 6-19。

表 6-19　实训器材表

器材	YL158-GA	YL-335B	数量
伺服电动机	台达 ECMA-C30604PS 永磁同步交流伺服电动机	松下 MHMD022G1U 永磁同步交流伺服电动机	1 台/组
伺服驱动器	台达 ECMA-C30604PS	松下 MADHT1507E 全数字永磁同步伺服驱动器	1 台/组
电源	单相 220V 交流电源	单相 220V 交流电源	1 套/组
仪表和工具	万用表、内六角螺丝刀（大十字和小一字）、剥线钳、压线钳、斜口钳		1 套/组
主令电器	船型开关，220V 带灯	按钮指示灯模块	1 套/组
执行机构	小车运动单元	输送站	1 套/组
导线	RV 0.5mm² 红色、蓝色、绿色、黄色		5m/组
冷压端子	E0508 红色、蓝色、绿色、黄色		4 包/组

2. 实训内容

为了避免对伺服驱动器或机构造成伤害，请先将伺服电动机所连接的负载移除（包括伺服电动机轴心上的联轴器及相关配件，此目的主要是避免伺服电动机在运行过程中电动机轴心未拆解的配件飞脱，间接造成人员伤害或设备损坏）。若移除伺服电动机所连接的负载后，根据正常操作程序，能够使伺服电动机正常运行起来，之后即可将伺服电动机的负载连接上。

请逐一检查电动机和驱动器外观、螺丝和配线等，以便在电动机运行前早一步发现问题并及早解决，以免电动机开始运行后造成损坏。

（1）识别伺服电动机的铭牌等信息

操作步骤：目视伺服电动机铭牌（见图 6-8），查阅《ASDA-B2 手册》，或上网搜索，记录信息，完成表 6-20。

表 6-20　伺服电动机认知记录表

品牌及系列号	型号	出厂编号	输入电压	输入电流
输出最高转速	输出最大扭矩	输出功率	编码器线数	

（2）识别伺服驱动器的铭牌等信息

操作步骤：目视伺服驱动器铭牌（见图 6-12），查阅《ASDA-B2 手册》，或上网搜索，记录信息，完成表 6-21。

表 6-21　伺服驱动器认知记录表

品牌及系列号	型号	容量	输入电压	输入频率
输入电源相数	输入电流	输出电压	输出频率范围	输出电流

（3）识别伺服电动机和伺服驱动器的电气连接

对伺服驱动器送电，请按照以下步骤执行：

①画出电气接线原理图，确认电动机与驱动器之间的相关线路连接正确。

· 台达伺服电动机的 U 相（红色）、V 相（白色）、W 相（黑色）与地线（绿色）分别接在台达伺服驱动器主电路输出端子 U、V、W 与 FG 端子上。松下伺服电动机电源线的 U 相（红色）、V 相（白色）、W 相（黑色）、地线分别接在松下伺服驱动器主电路输出端子 U、V、W、地线端子上。注意不要接错，如果接错，电动机运行将会出现不正常，电动机地线务必与驱动器的接地保护端子连接。

· 电动机的编码器已正确连接至 CN2。如果只执行 JOG（寸动、点动模式）功能，CN1 与 CN3 可以不用连接。

危险提示：请勿将电源端 L1（R）、L2（S）、L3（T）连接到伺服驱动器的输出端 U、V、W，否则将造成伺服驱动器损坏。

②连接驱动器的电源线路。

对于 YL-158GA 装置合上伺服驱动器电源开关，对于 YL-335B 装置合上断路器，即可将电源连接至伺服驱动器。注意：接入 220V 交流电，勿接入 380V 交流电。

③电源启动。

电源包括主控回路（L1c、L2c）电源与主回路电源。当电源启动，若台达伺服驱动器显示器上为 **AL014**，则出厂值的数字输入（DI6～DI8）为反向运行禁止极限（NL）、正向运行禁止极限（PL）与紧急停止（EMGS）信号；若不使用出厂值的数字输入（DI6～DI8），需使用数字输入（DI）的参数 P2-15～P2-17 来设定，可将参数设定为 0 或修改成其他功能定义。

若上一次结束时，台达伺服驱动器状态显示参数 P0-02 设定为 06（电动机速度），松下伺服驱动器状态显示参数 Pr5.28 设定为 1（电动机速度），则显示器上正常显示为 **SPEEd** **00000**。当显示器上没有显示任何文字时，请检查 L1c 与 L2c 是否电压过低。如果出现其他报警信息，请查阅手册解决。

实训任务 2　空载 JOG 测试

JOG（寸动、点动）方式以所设定的寸动速度做等速度移动，可以不需要接额外配线而非常方便地试运行伺服电动机及伺服驱动器。为了安全起见，寸动速度建议设置为低转速，如果带负载须将台达伺服电动机反向运行禁止极限（NL）、正向运行禁止极限（PL）与紧急停止（EMGS）的信号线，松下伺服电动机反向运行禁止极限（NOT）与正向运行禁止极限（POT）的信号线，分别接入伺服驱动器。

1. 实训器材

在 YL158-GA 装置和 YL-335B 装备中分别选用的器材见表 6-19。

2. 实训步骤

操作步骤如下：

①画出系统电气接线原理图。

②根据电气接线原理图，完成电气接线，注意将左右限位开关的常闭触点接入伺服驱动器。

③台达伺服装置的操作。

•设置参数 P4-05 为点动速度（单位：r/min），在点动速度设定后按下"SET"键，驱动器将进入 JOG 模式。

•按下"MODE"键，即可脱离 JOG 模式。

以点动模式初始值 20r/min 调整为 10r/min 为例，其操作流程如图 6-47 所示。

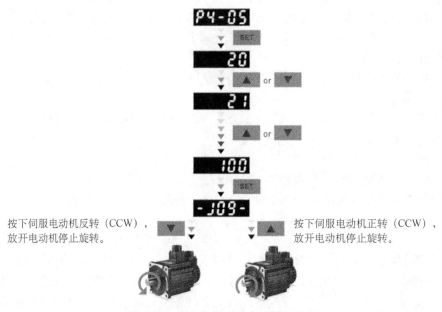

图 6-47　台达伺服系统点动操作流程

④松下伺服装置的操作方法。

手动 JOG 运行，按"MODE"键选择"AF-ACL"，按向上、向下键选择"AF-JOG"，按"SET"键一次，显示"JOG–"；然后按向上键 3s，显示"READY"，按向左键 3s 出现"SUR-ON"，按向上、向下键，电动机分别正反转。注意：操作前先将 S-ON 断开。

⑤三菱伺服装置的操作注意事项。

对三菱伺服装置进行 JOG 运行时，若采用软件监控方式，运行中 USB 电缆发生脱离时，伺服电动机将减速停止。

单元拓展

最早的伺服系统是直流伺服系统，直流伺服电动机具有良好的调速特性、较大的启动转矩和相对功率、易于控制及响应快等优点，可很方便地在宽范围内实现平滑无级调速，故多用于在对伺服电动机的调速性能要求较高的生产设备中。

1.直流伺服电动机的结构与原理

1）结构组成

直流伺服电动机在结构上主要由定子、转子、电刷及换向片等组成。

（1）定子

定子磁场由定子的磁极产生。根据产生磁场的方式，磁极可分为永磁式和他激式。永磁式磁极由永磁材料制成，他激式磁极由冲压硅钢片叠压而成，外绕线圈，通以直流电流便产生恒定磁场。

（2）转子

转子又叫电枢，由硅钢片叠压而成，表面嵌有线圈，通以直流电时，在定子磁场作用下产生带动负载旋转的电磁转矩。

（3）电刷与换向片

为使所产生的电磁转矩保持恒定方向，转子能沿固定方向均匀地连续旋转，电刷与外加直流电源相接，换向片与电枢导体相接。

2）直流伺服电动机的工作原理

直流伺服电动机与普通直流电动机的工作原理是完全相同的。对于电磁式且为枢控方式的直流伺服电动机，当对励磁绕组施加恒定电压时，建立气隙磁通 Φ，电枢绕组作为控制绕组接收到控制电压 U_c 后，电枢绕组内的电流与磁场作用产生电磁转矩 T，直流伺服电动机转动。当控制电压 $U_c=0$ 时，$I_c=0$，电磁转矩 $T=0$，直流伺服电动机立即停转，保证了直流伺服电动机无"自转"现象。所以，直流伺服电动机是自动控制系统中一种高性能的执行元件。

直流伺服电动机原理图如图 6-48 所示，电动机转子上的载流导体（即电枢绕组）在定子磁场中，受到电磁转矩的作用，使电动机转子旋转，其转速为

$$\omega = \frac{U_a - I_a R_a}{C_e \Phi} \tag{6-1}$$

式中，U_a——电枢电压；

　　　I_a——电枢电流；

　　　R_a——电枢电阻；

　　　C_e——电动势常数。

由式（6-1）可见，可通过改变电枢电压 U_a 或改变每极磁通 Φ 来控制直流伺服电动机的转速，前者称为电枢电压控制，后者称为励磁磁场控制。

由于电枢电压控制具有机械特性和调节特性的线性度好、输入损耗小、控制回路电感小且响应速度快等优点，所以直流伺服系统多采用这种控制方式。

3）直流伺服电动机的主要特性

（1）运行特性

电动机稳态运行时，回路中电流保持不变，电枢电流切割磁场磁力线所产生的电磁转矩 T_m 为

$$T_m = C_m \Phi I_a \tag{6-2}$$

式中，C_m——转矩常数，仅与电动机结构有关。

将式（6-2）代入式（6-1），则直流伺服电动机运行特性表达式为

$$\omega = \frac{U_a}{C_e \varPhi} - \frac{R_a}{C_e C_m \varPhi^2} T_m \qquad (6-3)$$

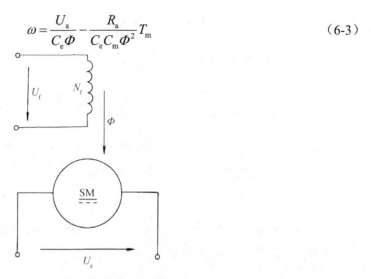

图 6-48　直流伺服电动机原理图

①机械特性。

当直流伺服电动机的电枢电压 U_a 和激励磁场强度 $\varPhi$ 均保持不变，则角速度 ω 可看作是电磁转矩 T_m 的函数，即 $\omega = f(T_m)$，该特性称为直流伺服电动机的机械特性，表达式为

$$\omega = \omega_0 - \frac{R_a}{C_e C_m} T_m \qquad (6-4)$$

式中，ω_0——常数。

根据式（6-4），给定不同的 T_m 值，可绘制出直流伺服电动机的机械特性曲线，如图 6-49 所示。

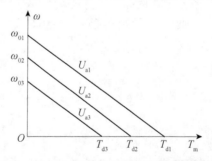

图 6-49　直流伺服电动机的机械特性曲线

由图 6-49 可知，直流伺服电动机的机械特性曲线是一组斜率相同的直线簇，每条机械特性曲线和一种电枢电压 U_a 相对应，且随着 U_a 增大平行地向转速和转矩增加的方向移动；与 ω 轴的交点是该电枢电压下的理想空载角速度 ω_0，与 T_m 轴的交点则是该电枢电压下的启动转矩 T_d；机械特性的斜率为负，说明在电枢电压不变时，电动机转速随负载转矩的增加而降低；机械特性的线性度越高，系统的动态误差越小。

②调节特性。

当直流伺服电动机的激励磁场强度 $\varPhi$ 和电磁转矩 T_m 均保持不变，则角速度 ω 可看作是电枢电压 U_a 的函数，即 $\omega = f(U_a)$，该特性称为直流伺服电动机的调节特性，表达式为

$$\omega = \frac{U_a}{C_e \varPhi} - k T_m \qquad (6-5)$$

式中，k——常数。

根据式（6-5），给定不同的 T_m 值，可绘制出直流伺服电动机的调节特性曲线，如图6-50所示。

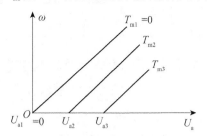

图6-50　直流伺服电动机的调节特性曲线

由图6-50可知，直流伺服电动机的调节特性曲线是一组斜率相同的直线簇，每条调节特性曲线和一种电磁转矩 T_m 相对应，且随着 T_m 增大，平行地向电枢电压增加的方向移动；与 U_a 轴的交点表示在一定的负载转矩下，电动机启动时的电枢电压，且随负载的增大而增大；调节特性曲线的斜率为正，说明在一定负载下，电动机转速随电枢电压的增加而增加；调节特性的线性度越高，系统的动态误差越小。

电磁式和永磁式直流伺服电动机的输入功率、输出功率、效率、转速、电枢电流与输出转矩的关系分别如图6-51和图6-52所示。

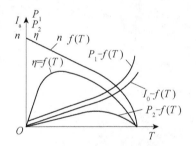

图6-51　电磁式直流伺服电动机

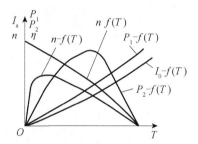

图6-52　永磁式直流伺服电动机

③主要参数。

空载启动电压 U_{s0}，是指直流伺服电动机在空载和一定激励条件下使转子在任意位置开始连续旋转所需的最小控制电压。U_{s0} 一般为额定压电的 2%～12%，U_{s0} 越小表示伺服电动机的灵敏度越高。

机电时间常数 τ_j，是指直流伺服电动机在空载和一定激励条件下加以阶跃的额定控制电压，转速从零升至空载转速的 63.2% 所需的时间。一般，机电时间常数 $\tau_j \leqslant 0.03s$，τ_j 越小，系统的快速性越好。

（2）直流伺服电动机调速系统

直流伺服电动机调速系统是最基本的拖动控制系统，主要有晶闸管直流调速系统和脉宽调制直流调速系统两种类型。

2.晶闸管直流调速系统

晶闸管直流调速系统就是利用晶闸管可控整流器获得可调的直流电压的系统，主要由主回路和控制回路组成，如图6-53所示。

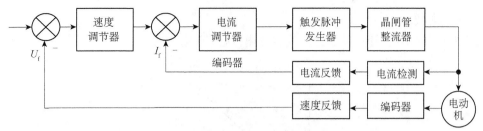

图 6-53　晶闸管直流调速系统

（1）主回路

晶闸管直流调速系统主回路主要是晶闸管整流放大装置。晶闸管整流放大装置的接线方式有单相半桥式、单相全控式、三相半波式、三相半控桥式和三相全控桥式等。其作用是将电网的交流电变为直流电并整流；将调节回路的控制功率放大，得到较大电流与较高电压以驱动电动机；在可逆控制电路中，电动机制动时，把电动机运转的惯性机械能转变成电能并反馈回交流电网。如图 6-54 所示为由大功率晶闸管构成的三相全控桥式调压电路，工作波形如图 6-55 所示。

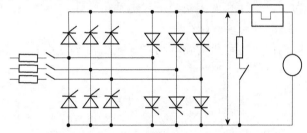

图 6-54　晶闸管三相全控桥式调压电路

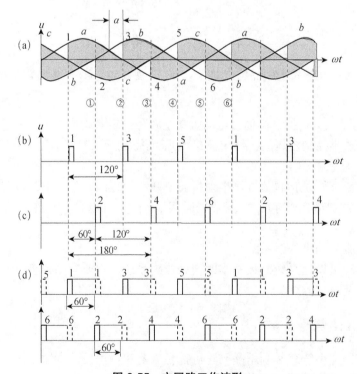

图 6-55　主回路工作波形

只要改变可控硅触发角（即改变导通角），就能改变可控硅的整流输出电压，从而改变直流伺服电动机的转速。触发脉冲提前到来，增大整流输出电压；触发脉冲延后到来，减小整流输出电压。

（2）控制回路

控制回路主要由电流调节回路（内环）、速度调节回路（外环）和触发脉冲发生器等组成。

①PI 控制器。

为了获得良好的静、动态性能，转速和电流两个调节器一般都采用 PI 控制器，所以对于系统来说，PI 调节器是系统的核心。

②触发脉冲发生器。

触发脉冲发生器是向晶闸管门极提供所需的触发信号，并能根据控制要求使晶闸管可靠导通，实现整流装置的控制。常见的电路形式有单结晶体管触发电路、正弦波触发电路、锯齿波触发电路。

3. 脉宽调制直流调速系统

所谓脉宽调制（Pluse Width Modulation，PWM）技术，就是把恒定的直流电源电压调制成频率一定、宽度可变的脉冲电压序列，从而可以改变平均输出电压的大小。

（1）PWM 直流调速系统的构成

对直流调速系统而言，一般动、静态性能较好的调速系统都采用双闭环控制系统，因此，对直流脉宽调速系统，将以双闭环为例进行介绍。

直流脉宽调速系统的原理图如图 6-56 所示，由主回路和控制回路两部分组成。与晶闸管调速系统比较，速度调节器和电流调节器的原理一样，不同的是脉宽调制器和功率放大器。

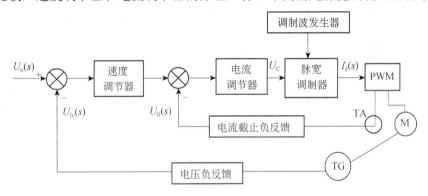

图 6-56　直流脉宽调速系统的原理图

（2）直流脉宽调制原理

直流脉宽调制是利用电子开关，将直流电源电压转换成一定频率的方波脉冲电压，然后再通过对方波脉冲宽度的控制来改变供电电压大小与极性，从而达到对电动机进行变压调速的一种方法。

常用的脉宽调制器按调制信号不同分为锯齿波脉宽调制器、三角波脉宽调制器、由多谐振荡器和单稳态触发电路组成的脉宽调制器和数字脉宽调制器等几种。

（3）PWM 变换器

所谓脉宽调制变换器实际上就是一种直流斩波器。当电子开关在控制电路作用下按某种控制规律进行通断时，在电动机两端就会得到调速所需的、有不同占空比的直流供电电压 U_d。PWM 脉宽调制器的外形及内部结构如图 6-57 所示，系统结构框图如图 6-58 所示。

图 6-57　PWM 脉宽调制器的外形及内部结构

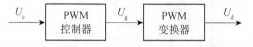

图 6-58　PWM 脉宽调制器的系统结构框图

　　PWM 调速系统的脉宽调压与晶闸管调速系统的触发角方式调压相比，具有以下优点：电流脉动小；电路损耗小，装置效率高；频带宽，频率高；动态硬度好；电网的功率因数较高。

单元 7 伺服系统应用

本单元教学课件

　　某公司光纤器件生产部门以前采用化学腐蚀的方法，将直径 0.125mm、均匀、无锥度的金属细线经过加工得到有锥度的金属细线，用加工好的金属细线来加工光纤连接器的插针体。由于化学腐蚀的非均匀性，得到的金属细线品质差，无法满足需要。本单元主要介绍采用磨线机控制系统将金属细线打磨成前端锥度均匀的、符合厂家要求的金属细线。

　　磨线机系统主要由核心控制器、线径检测系统、转线伺服系统、磨线伺服系统、收线伺服系统等部分组成。图 7-1 所示为磨线机系统结构简图。

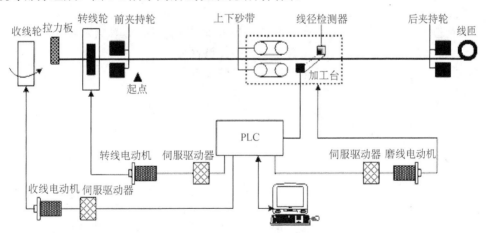

图 7-1　磨线机系统结构简图

　　（1）核心控制器

　　核心控制器是磨线机系统的控制核心，主要包括 PLC、计算机控制台等部分。PLC 控制所有磨线机系统的动作流程，计算机控制台实现各种运行模式的切换、接收数据的输入、实时动画和数据监控等 HMI 功能。

　　（2）线径检测系统

　　线径检测系统是磨线机系统的重要组成部分，主要由线径检测器及其工作电源两部分组成。在磨线机打磨线径的过程中，PLC 通过线径检测系统采集当前线径的大小，来决定磨线机的后序动作。

（3）转线伺服系统

转线伺服系统由伺服驱动器、转线电动机、转线轮、前后夹持轮、拉力板等部分组成。在磨线机打磨金属细线的过程中，前后夹持轮夹紧金属细线，拉力板拉紧金属细线，转线电动机带动转线轮及前后夹持轮旋转，从而带动被打磨的金属细线旋转。为保证加工精度和速度，伺服电动机采用速度控制模式。

（4）磨线伺服系统

磨线伺服系统由伺服驱动器、磨线电动机、加工台等部分组成。上下砂带在打磨金属细线的过程中夹紧，磨线电动机带动加工台左右运动。通过伺服驱动器的位置控制来控制加工台的位置，以此获得较高的加工精度。

（5）收线伺服系统

收线伺服系统由伺服驱动器、收线电动机、收线轮等部分组成。通过伺服驱动器的力矩来控制收线电动机达到恒转矩，使得在收线过程中不至于把堪比头发丝细的金属线拉断。

本单元通过学习伺服系统的典型应用——位置控制、速度控制、转矩控制，实现对自动磨线机系统的控制。

1. 知识目标

（1）学习与掌握伺服位置控制模式；

（2）学习与掌握 PLC 脉冲输出指令；

（3）学习与掌握伺服速度控制模式；

（4）学习与掌握伺服转矩控制模式。

2. 技能目标

（1）会进行伺服位置控制系统电气接线、参数设置、程序设计、调试运行；

（2）会进行伺服速度控制系统电气接线、参数设置；

（3）会进行伺服转矩控制系统电气接线、参数设置。

单元知识

伺服驱动器提供位置、速度、转矩三种基本控制模式，可使用单一控制模式，也可选择使用混合模式来进行控制。速度控制和转矩控制一般用模拟量来控制，也可以用端子配合参数来控制；位置控制是通过脉冲来控制的。如果对电动机的速度、位置都没有要求，只要求输出一个恒转矩，应使用转矩控制模式。如果对位置和速度有一定的精度要求，而对实时转矩不是很关心，使用转矩控制模式不太方便，使用速度或位置控制模式比较好。如果上位控制器有比较好的闭环控制功能，使用速度控制模式效果会好一点。如果本身要求不是很高，或者基本没有实时性的要求，应使用位置控制模式。就伺服驱动器的响应速度来看，转矩控制模式运算量最小，伺服驱动器对控制信号的响应最快；位置控制模式运算量最大，伺服驱动器对控制信号的响应最慢。

7.1　位置控制模式

位置控制模式一般是通过外部输入脉冲的频率来确定转动速度的大小，通过脉冲的个数来确定转动的角度，也有些伺服系统可以通过通信方式直接对速度和位移进行赋值。由于位置控制模式可以对速度和位置都有很严格的控制，所以一般应用于精密定位装置，应用领域如数控机床、印刷机械等。

1. 位置控制模式标准接线

台达 ASDA-B2、松下 A5、三菱 MR-JE-10A 伺服驱动器位置控制模式标准接线分别如图 7-2～图 7-4 所示。

2. 位置控制参数

台达 ASDA-B2、松下 A5、三菱 MR-JE-10A 伺服驱动器位置控制相关参数分别见表 7-1～表 7-3。表中仅列出了与位置控制相关的部分参数，详细内容请查阅相关手册。

表 7-1　台达 ASDA-B2 伺服驱动器位置控制相关参数

参数	名称	初始值	功能和含义	
P1-00▲	外部脉冲列输入形式设定	2	后文详解	
P1-01●	控制模式及控制指令输入源设定	00	后文详解	
P1-02▲	速度及转矩限制设定	00	_x	0：关闭速度限制功能； 1：转矩控制模式下，开启速度限制功能
			x_	0：关闭转矩限制功能； 1：位置、速度控制模式下，开启转矩限制功能
P1-12～P1-14	内部转矩限制 1～3	100	设定范围为−300～+300，内部转矩指令为 1～3	
P1-55	最大速度限制	额定转速	伺服电动机的最大可运行速度，范围为 0~最大速度	
P2-50	脉冲清除模式	0	清除位置脉冲误差量。0：CCLR 触发方式为上升沿； 1：CCLR 触发方式为下降沿	
P1-44▲	电子齿轮比的分子（N1）	1	后文详解	
P1-45▲	电子齿轮比的分母（M）	1		
P2-60▲	电子齿轮比的分子（N2）	1		
P2-61▲	电子齿轮比的分子（N3）	1		
P2-62▲	电子齿轮比的分子（N4）	1		

参数代号后加注的特殊说明：

（▲）Servo On 伺服驱动器启动时无法设定，例如 P1-00、P1-02 及 P2-33 等。

（●）必须重新开关机（伺服驱动器断电再上电）参数才有效，例如 P1-01 及 P3-00。

（■）断电后此参数不记忆设定的内容值，例如 P2-30 及 P3-06。

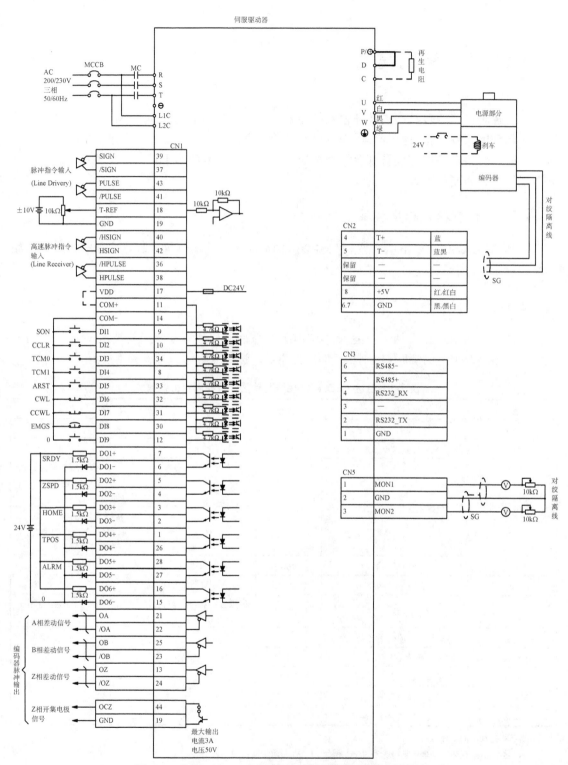

图 7-2 台达 ASDA-B2 伺服驱动器位置控制模式标准接线

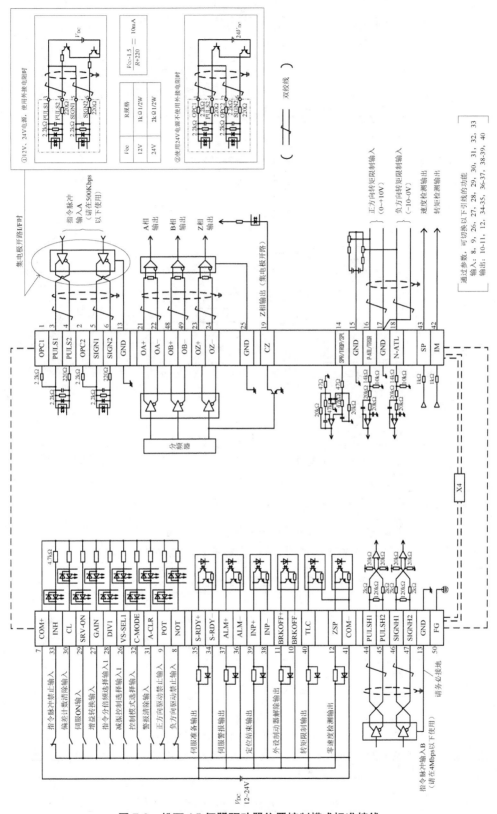

图 7-3　松下 A5 伺服驱动器位置控制模式标准接线

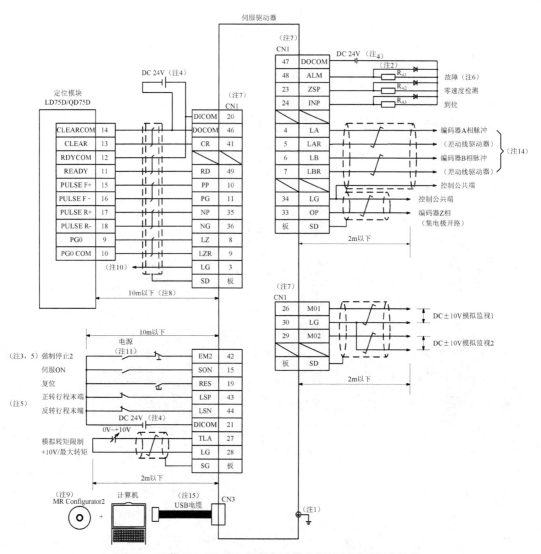

图 7-4   三菱 MR-JE-10A 伺服驱动器位置控制模式标准接线

表 7-2   松下 A5 伺服驱动器位置控制相关参数

参数	名称	初始值	功能和含义
Pr0.00*	旋转方向设定	1	0：正方向指令时，电动机旋转方向为 CW 方向（从轴侧看电动机为顺时针旋转）；1：正方向指令时，电动机旋转方向为 CCW 方向（从轴侧看电动机为逆时针旋转）
Pr0.01*	控制模式设置	0	0：位置；1：速度；2：转矩；3：位置，速度；4：位置，转矩；5：速度，转矩；6：全闭环
Pr0.02	实时自动增益设置	1	0：无效；1：标准模式，基本模式，不进行偏载重和摩擦补偿，也不使用增益切换，运行时负载惯量的变化情况很小；2：定位；3：垂直轴；4：摩擦补偿；5：负载特性测试；6：自定义
Pr0.03	实时自动增益的机械刚性选择	13	此参数值设得越大，响应越快
Pr0.04	惯量比	250	Pr0.04=（负载惯量/转子惯量）*100%
Pr0.05*	指令脉冲输入选择	0	0：光电耦合输入；1：长线驱动输入；2：A5II 伺服驱动器仅有光电耦合输入
Pr0.06*	指令脉冲旋转方向设置	0	后文详解

参数	名称	初始值	功能和含义
Pr0.07*	指令脉冲输入模式设定	1	后文详解
Pr0.08*	电动机每旋转一转的指令脉冲数	10000	此设定值为 0 时，Pr0.09 和 Pr0.10 有效
Pr0.09	电子齿轮比的分子（N1）	0	后文详解
Pr0.10	电子齿轮比的分母（M）	10000	后文详解
Pr5.04*	驱动禁止输入设定	1	0：POT 正方向旋转，正方向驱动禁止有效，NOT 负方向旋转，负方向驱动禁止有效；1：驱动禁止都无效；2：POT 和 NOT 任意输入都有效。一般应用于限位开关，限位开关断开，驱动禁止有效时，将发生 Err38 "驱动禁止输入保护"报警
Pr5.28*	LED 初始状态	1	1：显示电动机转速；6：指令脉冲总和；12：报警原因；20：绝对式编码器数值

注：部分参数后"*"标注的是设置参数必须在伺服驱动器控制电源断电重启之后才能修改、写入成功、有效。

表 7-3　三菱 MR-JE-10A 伺服驱动器位置控制相关参数

参数	名称	初始值	设定位	功能和含义
PA01	运行模式	1000	＿ ＿ ＿ x	0：位置；1：位置与速度；2：速度；3：速度与转矩；4：转矩；5：转矩与位置
PA02	再生选件	0000	＿ ＿ x x	00：不使用再生选购件，200W 以下的伺服驱动器不使用再生电阻器。0.4～3kW 的伺服驱动器使用内置再生电阻器。02：MR-RB032；03：MR-RB12；04：MR-RB32；05：MR-RB30；06：MR-RB50（需要冷却风扇）
PA04	功能选择 A-1	2000	x ＿ ＿ ＿	0：强制停止减速功能无效（使用 EM1）2：强制停止减速功能有效（使用 EM2）
PA05	每转指令脉冲输入数	10000	1000～1000000	在[Pr.PA21]的"电子齿轮选择"中选择"（1 ＿ ＿ ＿ ）1 周的指令输入脉冲数"时，此参数的设置值有效
PA06	电子齿轮比的分子（CMX）	1	1～16777215	此参数在[Pr.PA21]的"电子齿轮选择"中选择"电子齿轮（0 ＿ ＿ ＿ ）"时有效。电子齿轮的设定范围大致如下：
PA07	电子齿轮比的分母（CDV）	1	1～16777215	$\frac{1}{10} < \frac{CMX}{CDV} < 4000$
PA13	指令脉冲输入形态	0100	＿ ＿ ＿ x	指令输入脉冲串形态选择。0：正转，反转脉冲串；1：带符号脉冲串；2：A 相，B 相脉冲串（伺服驱动器以 4 倍频获取输入脉冲）
			＿ ＿ x ＿	脉冲串逻辑选择。0：正逻辑；1：负逻辑
			＿ x ＿ ＿	指令输入脉冲串滤波器选择。0：在 4Mpulses/s 以下时；1：在 1Mpulse/s 以下时；2：在 500kpulses/s 以下时；3：在 200kpulses/s 以下时
PA14	旋转方向	0		后文详解
PA23	驱动记录器任意报警触发器设定	0000	＿ ＿ x x	报警详细编号设定。驱动记录器功能在通过任意报警详细编号实施触发时进行设定。当设置为"00"时，只有任意报警编号设置为有效
			x x ＿ ＿	报警编号设定。驱动记录器功能在通过任意报警编号实施触发时进行设定。当设置"00"时，驱动记录器的任意报警触发将无效
PA24	功能选择 A-4	0000	＿ ＿ ＿ x	振动抑制模式选择。0：标准模式；1：惯性模式；2：低响应模式

参数	名称	初始值	设定位	功能和含义
PD01	输入信号自动ON选择1	0000	___x（HEX）	_ x _ _（BIN）：SON（伺服开启）。0：无效（在外部输入信号中使用）；1：有效（自动开启）。设定值转换为十六进制数，下同
			__x_（HEX）	___x（BIN）：PC（比例控制）。0：无效（在外部输入信号中使用）；1：有效（自动开启）
				__x_（BIN）：TL（外部转矩限制选择）。0：无效（在外部输入信号中使用）；1：有效（自动开启）
			_x__（HEX）	_x__（BIN）：LSP（正转行程末端）。0：无效（在外部输入信号中使用）；1：有效（自动开启）
			x___（HEX）	x___（BIN）：LSN（反转行程末端）。0：无效（在外部输入信号中使用）；1：有效（自动开启）
PD03	DI1L 输入软元件选择分配到CN1-15 针上	0202	__xx 位置 xx__速度	
PD04	DI1H 输入软元件选择分配到CN1-15 针上	0002	__xx 转矩 _x_厂商 x___厂商	
PD11	DI5L 输入软元件选择分配到CN1-19 针上	0703	__xx 位置 xx__速度	
PD12	DI5H 输入软元件选择分配到CN1-19 针上	0007	__xx 转矩 _x_厂商 x___厂商	
PD13	DI6L 输入软元件选择分配到CN1-41 针上	0806	__xx 位置 xx__速度	
PD14	DI6H 输入软元件选择分配到CN1-41 针上	0008	__xx 转矩 _x_厂商 x___厂商	
PD17	DI8L 输入软元件选择分配到CN1-43 针上	0A0A	__xx 位置 xx__速度	
PD18	DI8H 输入软元件选择分配到CN1-43 针上	0000	__xx 转矩 _x_厂商 x___厂商	
PD19	DI9L 输入软元件选择分配到CN1-44 针上	0B0B	__xx 位置 xx__速度	
PD20	DI9H 输入软元件选择分配到CN1-44 针上	0000	__xx 转矩 _x_厂商 x___厂商	

参数设置可以选择的软元件

设置值	输入软元件		
	P	S	T
02	SON	SON	SON
03	RES	RES	RES
04	PC	PC	—
05	TL	TL	—
06	CR	—	—
07	—	ST1	RS2
08	—	ST2	RS1
09	TL1	TL1	—
0A	LSP	LSP	—
0B	LSN	LSN	—
0D	CDP	CDP	—
20	—	SP1	SP1
21	—	SP2	SP2
22	—	SP3	SP3
23	LOP	LOP	LOP
24	CM1	—	—
25	CM2	—	—
26	—	STAB2	STAB2

注：表中，P：位置控制模式；S：速度控制模式；T：转矩控制模式；表中"—"为生产商设置用，用户绝对不要进行设定

注：PD01 为十六进制模式，用四位二进制数表示一位十六进制数。

3. 控制模式及旋转方向设定

1）控制模式及旋转方向设定

（1）台达 ASDA-B2 伺服驱动器控制模式及控制指令输入源 P1-01

参数的初始值为 0；适用于位置、速度、转矩等所有控制模式；参数的单位在位置控制

模式下为 pulse，在速度控制模式下为 r/min，在转矩控制模式下为 N·m；参数的设定范围为 00~110；参数大小为 16bit；参数的显示方式为 HEX。

台达伺服驱动器提供位置、速度、转矩三种基本控制模式，可使用单一控制模式，即固定在一种模式控制，也可选择混合模式来进行控制。参数的后两位为控制模式设定，详细内容见表 7-4 所示；第 3 位为转矩输出方向控制，设置为 0 或 1 时的旋转方向如图 7-5 所示。

表 7-4 台达伺服驱动器控制模式

模式名称		模式代号	设定值	说明
单一模式	位置控制模式（端子输入）	PT	00	驱动器接收位置指令，控制电动机至目标位置。位置指令由端子输入，信号为输入脉冲
	速度控制模式	S	02	驱动器接收速度指令，控制电动机至目标转速。速度指令可由内部寄存器（共三组寄存器）提供，或由外部端子输入模拟电压(-10V~+10V)。指令是根据 DI 信号来选择
	速度控制模式（无模拟输入）	Sz	04	驱动器接收速度指令，控制电动机至目标转速。速度指令只能根据 DI 信号来选择内部寄存器设定的三组转速
	转矩控制模式	T	03	驱动器接收转矩指令，控制电动机至目标转矩。转矩指令可由内部寄存器（共三组寄存器）提供，或由外部端子输入模拟电压(-10V~+10V)。指令是根据 DI 信号来选择
	转矩控制模式（无模拟输入）	Tz	05	驱动器接收转矩指令，控制电动机至目标转矩。转矩指令只能根据 DI 信号来选择内部寄存器设定的三组转矩
混合控制模式		PT-S	06	PT 与 S 可通过 DI 信号切换
		PT-T	07	PT 与 T 可通过 DI 信号切换
		S-T	0A	S 与 T 可通过 DI 信号切换

图 7-5 转矩输出方向

改变控制模式的步骤如下：

①将 DI 的 SON 信号（默认 9 号引脚）断开，使伺服驱动器切换至 Servo Off 状态。

②根据所需要的控制模式，结合表 7-4 设置参数 P1-01 的参数值。

③设定完成后，将伺服驱动器断电再重新送电即可。

（2）松下 A5 伺服驱动器控制模式设定（Pr0.01）和旋转方向设定（Pr0.00）

①控制模式设定 Pr0.01。控制模式设定参数 Pr0.01 的初始值为 0（位置控制），其他参数值及控制模式等见表 7-5，表中 ▲ 表示有效。当参数值设为 3、4、5 时，为混合模式，根据控制模式切换输入端子（C-MODE）的通断，来切换第 1 模式或第 2 模式。C-MODE 开路时，

选择第 1 模式；C-MODE 通路时，选择第 2 模式。

②旋转方向设定（Pr0.00）。设定指令的方向和电动机旋转方向的关系如图 7-6 所示。

表 7-5　松下 A5 伺服驱动器控制模式

设定值	控制模式		模式代号			
0~6	第 1 模式	第 2 模式	P	S	T	F
0	位置		▲			
1	速度			▲		
2	转矩				▲	
3	位置	速度	▲	▲		
4	位置	转矩	▲		▲	
5	速度	转矩		▲	▲	
6	全闭环					▲

正方向
（CCW）

负方向
（CW）

出厂设定值

图 7-6　指令的方向与电动机旋转方向的关系

0：正方向指令时，电动机旋转方向为 CW（从轴侧看电动机为顺时针方向）；

1：正方向指令时，电动机旋转方向为 CCW（从轴侧看电动机为逆时针方向）。

设定值、指令方向、电动机旋转方向与驱动输入禁止（如限位）的关系见表 7-6。

表 7-6　旋转方向设定

设定值	指令方向	电动机旋转方向	正方向驱动输入禁止	负方向驱动输入禁止
0	正方向	CW 方向	有效	
	负方向	CCW 方向		有效
1	正方向	CCW 方向	有效	
	负方向	CW 方向		有效

（3）三菱伺服驱动器控制模式设定 PA01 和旋转方向设定 PA14

三菱伺服驱动器控制模式选择（包括参数的编号、名称、设定位、功能等）见表 7-7。

表 7-7　三菱伺服驱动器控制模式选择

编号/简称/名称	设定位	功能	初始值
PA01 *STY 运行模式	＿＿＿x	选择控制模式： 0：位置控制模式 1：位置控制模式与速度控制模式 2：速度控制模式 3：速度控制模式与转矩控制模式 4：转矩控制模式 5：转矩控制模式与位置控制模式	0h
	＿＿x＿	厂商设定用	0h
	＿x＿＿		0h
	x＿＿＿		1h
	x＿＿＿		0h

设定旋转方向时使用（PA14）参数，其名称、功能、初始值等见表 7-8。

表 7-8　旋转方向设定

编号/简称/名称	功能	初始值	适用控制模式		
			P	S	T
PA14 *POL 旋转方向选择	选择与输入脉冲串相对应的伺服电动机选择方向。 伺服电动机的旋转方向如下所示： 正转(CCW)　反转(CW)	0	▲		

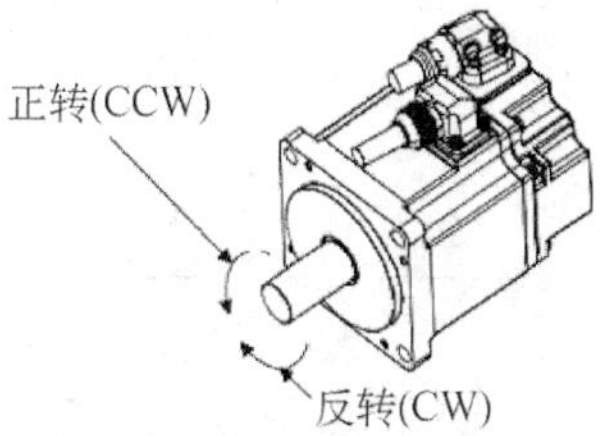

表格内嵌：

设置值	伺服电动机旋转方向	
	正转脉冲输入时	反转脉冲输入时
0	CCW	CW
1	CW	CCW

2）位置控制模式输入脉冲形式指令

（1）台达 ASDA-B2 伺服驱动器位置控制模式输入脉冲形式指令参数 P1-00

位置控制端子输入的脉冲形式设定指令参数为 PI-00，脉冲有三种类型可以选择，每种类型又有正/负逻辑之分，初值为 0x2，设定范围为 0~1132。

①脉冲形式。

0：AB 相脉冲列（4x）；

1：正转脉冲列及逆转脉冲列；

2：脉冲列＋符号。

②滤波宽度。超过设定频率的脉冲，会被视为噪声被滤掉。脉冲宽度设定见表 7-9。

表 7-9　脉冲宽度设定

设定值	低速滤波宽度	设定值	高速滤波宽度
0	1.66Mpulse/s	0	6.66Mpulse/s
1	416Kpulse/s	1	1.66Mpulse/s
2	208Kpulse/s	2	833Kpulse/s
3	104Kpulse/s	3	416Kpulse/s

③逻辑形式。脉冲逻辑形式见表 7-10。

表 7-10　脉冲逻辑形式

逻辑		脉冲形式	正向指令	负方向指令
0	正逻辑	AB 相脉冲串	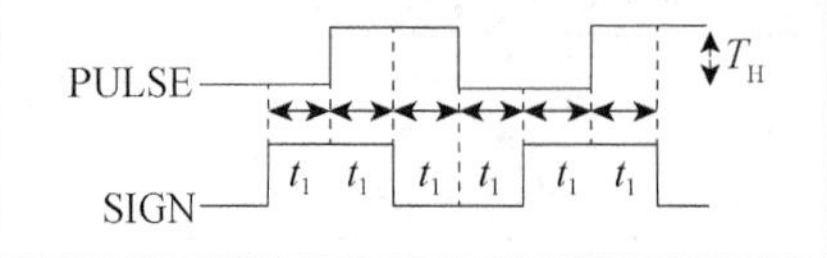	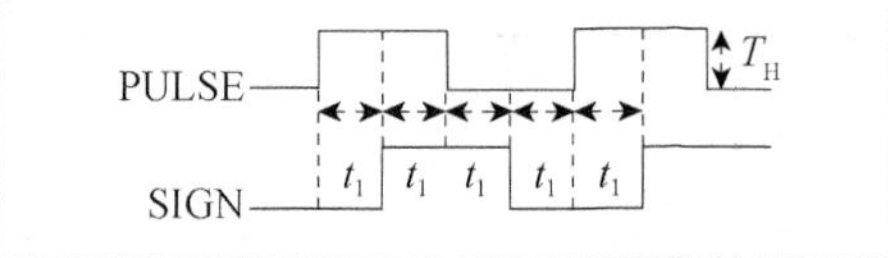
		正转脉冲串及反转脉冲串	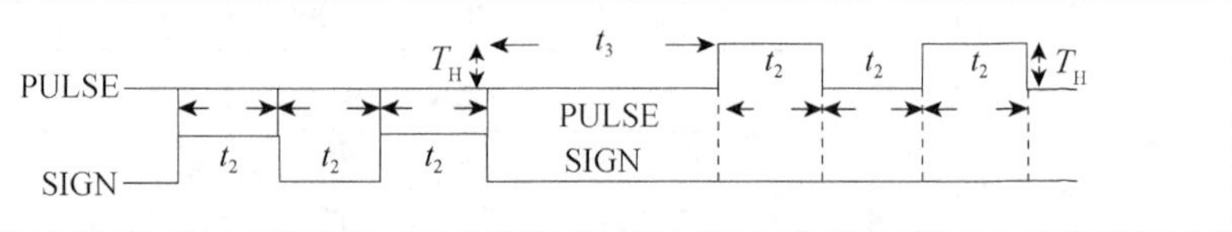	
		脉冲串+方向	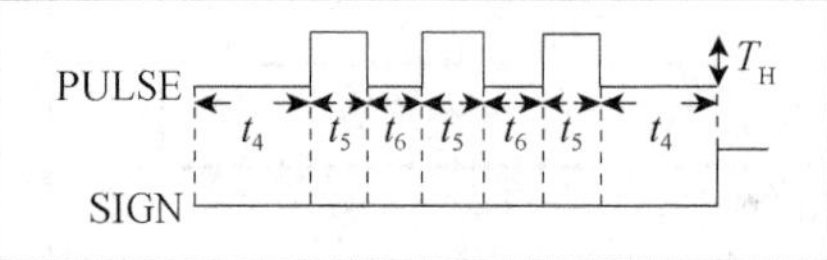	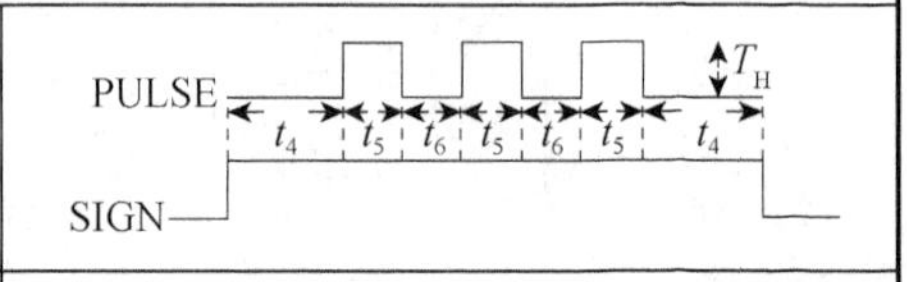
1	负逻辑	AB 相脉冲串	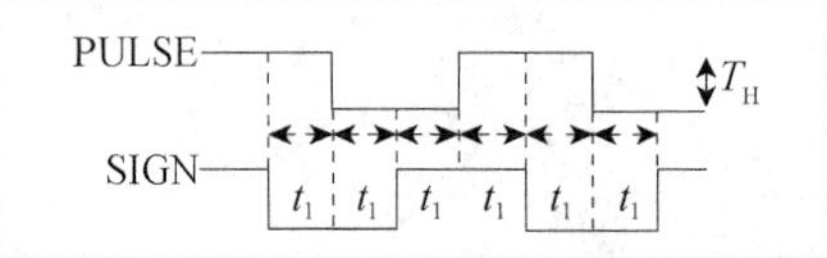	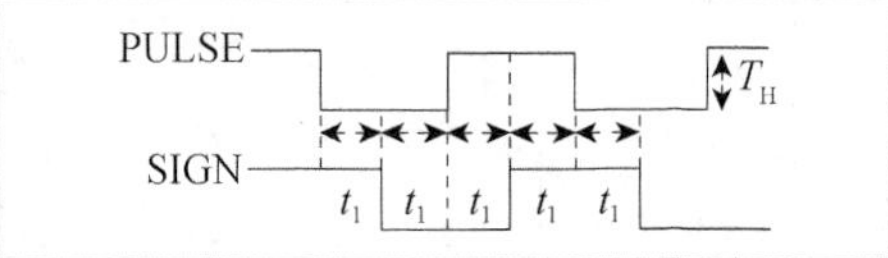
		正转脉冲串及反转脉冲串	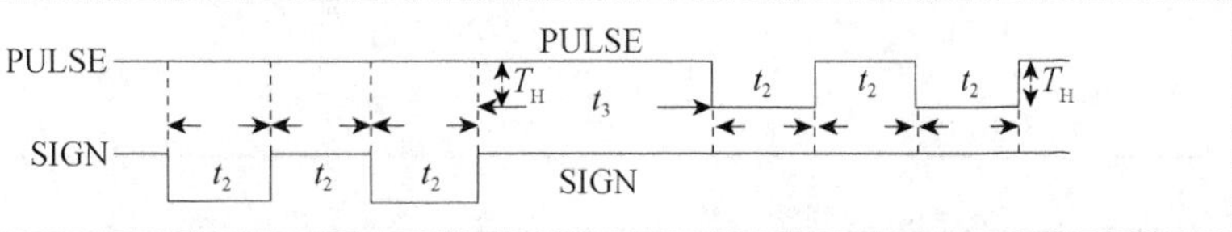	
		脉冲串+方向	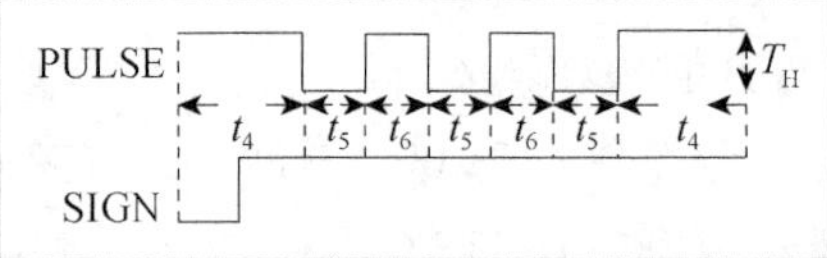	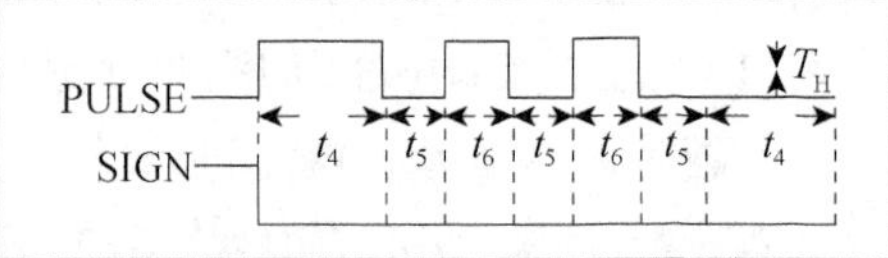

④外部脉冲输入来源。参数值从左往右第四位为外部脉冲输入来源设定值，设为 0 表示低速光耦合，此时 CN1 脉冲端子连接 PULSE 和 SIGN；设为 1 表示高速差动形式，此时 CN1 脉冲端子连接 HPULSE 和 HSIGN。

此设定也可由数字量端子 PTCMS 来选择外部脉冲的来源，当数字量端子的功能被选定，就可以以 PTCMS 为主要控制来源，参见图 7-2。位置脉冲是由 CN1 的 PULSE（41）、/PULSE（43）、HPULSE（38）、/HPULSE（36）与 SIGN（37）、/SIGN（39）、HSIGN（42）、/HSIGN（40）端子输入，可以是集电极开路输入，也可以是差动（差分）方式输入。

（2）松下伺服驱动器指令脉冲旋转方向和输入模式设定

松下伺服驱动器指令脉冲旋转方向和输入模式设定表（包括参数及设定范围、初始值和适用控制模式）见表 7-11。

表 7-11　松下伺服驱动器指令脉冲旋转方向和输入模式设定表

参数	功能	设定范围	初始值	控制模式	
Pr0.06	指令脉冲旋转方向设定	0~1	0	P	F
Pr0.07	指令脉冲输入模式设定	0~3	1	P	F

松下伺服驱动器指令脉冲旋转方向 Pr0.06 和脉冲输入模式 Pr0.07 的组合见表 7-12。

表 7-12　松下伺服驱动器指令脉冲旋转方向 Pr0.06 和脉冲输入模式 Pr0.07 的组合表

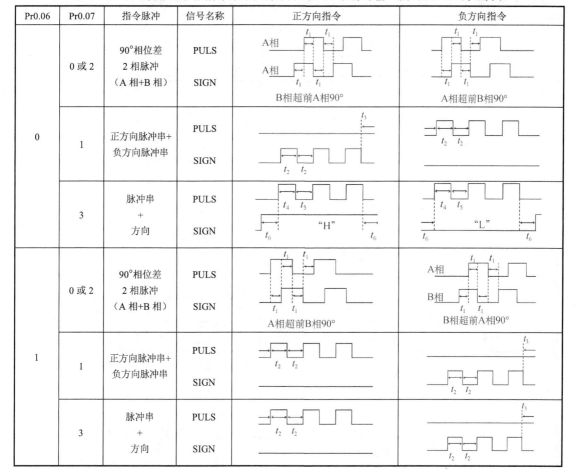

Pr0.06	Pr0.07	指令脉冲	信号名称	正方向指令	负方向指令
0	0 或 2	90°相位差 2 相脉冲 （A 相+B 相）	PULS / SIGN	B相超前A相90°	A相超前B相90°
	1	正方向脉冲串+ 负方向脉冲串	PULS / SIGN		
	3	脉冲串 + 方向	PULS / SIGN	"H"	"L"
1	0 或 2	90°相位差 2 相脉冲 （A 相+B 相）	PULS / SIGN	A相超前B相90°	B相超前A相90°
	1	正方向脉冲串+ 负方向脉冲串	PULS / SIGN		
	3	脉冲串 + 方向	PULS / SIGN		

（3）三菱伺服驱动器指令脉冲旋转方向和输入模式设定

三菱伺服驱动器指令脉冲输入模式设定表（包括名称、设定位、功能、初始值、适用控制模式等）见表 7-13。

表 7-13　三菱伺服驱动器指令脉冲输入模式设定表

编号/简称/名称	设定位	功能	初始值 [单位]	控制模式 P	S	T
PA13 *PLSS 指令脉冲输入	− − − x	指令输入脉冲串形态选择。 0：正转，反转脉冲串； 1：带符号脉冲串； 2：A 相、B 相脉冲（伺服放大器以 4 倍频获取输入脉冲）	0h	▲		
	− − x −	脉冲串逻辑选择。 0：正逻辑； 1：负逻辑（应与从连接的控制器获得的指令脉冲串逻辑相匹配）	0h	▲		
	− x − −	指令输入脉冲串滤波器选择：通过选择和指令脉冲频率匹配的滤波器，能够提高抗干扰能力。 0：指令输入脉冲串在 4Mpulse/s 以下时 1：指令输入脉冲串在 1Mpulse/s 以下时 2：指令输入脉冲串在 500kpulse/s 以下时 3：指令输入脉冲串在 200kpulse/s 以下时	1h	▲		
	x − − −	厂商设定用	0h			

指令输入脉冲串形式选择见表 7-14 所示，表中的箭头表示输入脉冲的时间。A 相脉冲串和 B 相脉冲串以 4 倍频获取。

表 7-14　指令输入脉冲串形式选择

设置值	脉冲串形式		正转指令时	反转指令时
＿＿＿0	负逻辑	正转脉冲串 反转脉冲串	PP NP	
＿＿＿1		脉冲串 + 方向	PP NP	L H
＿＿＿2		A 相脉冲串 B 相脉冲串	PP NP	
＿＿＿0	正逻辑	正转脉冲串 反转脉冲串	PP NP	
＿＿＿1		脉冲串 + 方向	PP NP	H　　L
＿＿＿2		A 相脉冲串 B 相脉冲串	PP NP	

4. 位置分辨率、电子齿轮比和每转脉冲数

使用伺服系统时，需要先计算一些关键的参数，如位置分辨率、电子齿轮、速度和指令脉冲频率等，以此为依据进行伺服驱动器参数设置。

位置分辨率（每个脉冲的行程）ΔL 取决于伺服电动机每转行程 ΔS 和编码器反馈脉冲数 P_t，如图 7-7 所示。每个脉冲的行程计算公式见式（7-1），反馈脉冲数取决于伺服电动机编码器的分辨率。

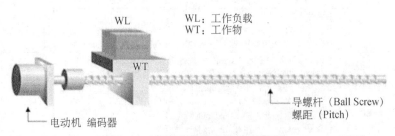

WL：工作负载
WT：工作物
导螺杆（Ball Screw）
螺距（Pitch）
电动机　编码器

图 7-7　位置分辨率和脉冲当量图

$$\Delta L = \frac{\Delta S}{P_t} \tag{7-1}$$

式中，ΔL——每个脉冲的行程，mm/pulse；

　　　ΔS——伺服电动机每转行程，mm/r；

　　　P_t——伺服电动机编码器反馈脉冲数。

当机械系统和编码器确定之后，在控制系统中 ΔL 为固定值。但是，控制器（如 PLC）发出的每个指令脉冲的行程可以根据需要利用伺服驱动器的电子齿轮的分子和分母等进行设置。位置分辨率和电子齿轮比的关系如图 7-8 所示。

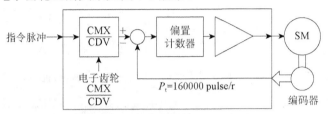

图 7-8　位置分辨率和电子齿轮比的关系

（1）台达伺服驱动器电子齿轮比

①P1-44 电子齿轮比的分子（CDV）。

初始值：16；控制模式：PT；单位：pulse；设定范围：1～（$2^{26}-1$）；数据大小：32bit；参数功能：多段电子齿轮比的分子设定。注：在 PT 模式下，在 Servo On 时可以变更设定值。

②P1-45 电子齿轮比的分母（CMX）。

初始值：10；控制模式：PT；单位：pulse；设定范围：1～（231-1）；数据大小：32bit；参数功能：电子齿轮比的分母设定。

注：设置错误时伺服电动机易产生暴冲，故请依照指令脉冲输入比值范围设定位置控制模式，在 Servo On 时不可变更设定值。

如图 7-7 所示，指令脉冲乘以 CMX/CDV 可得到位置控制脉冲。每个指令脉冲的行程为

$$\Delta L_0 = \Delta L \times \frac{CMX}{CDV} \tag{7-2}$$

式中，CMX——电子齿轮比的分子；

　　　CDV——电子齿轮比的分母。

利用上述关系式，每个指令脉冲的行程可以整定为整数值。

电子齿轮比提供了简单易用的行程比例变更。例如：经过适当的电子齿轮比设定后，使工作物移动量为 1μm/pulse 变得容易实现。脉冲当量：一个脉冲所产生的坐标轴的移动量（目前行业中默认为 1μm）。电子齿轮比计算见表 7-15。

表 7-15　电子齿轮比计算

	齿轮比	每 1pulse 指令对应工作物移动的距离
未使用电子齿轮比	$\dfrac{1}{1}$	$= \dfrac{4 \times 1000}{160000} = \dfrac{4000}{160000} = 0.025\mu m$
使用电子齿轮比	$\dfrac{160}{4}$	$1\mu m$

③速度和指令脉冲频率的计算。

电子齿轮比与脉冲频率的关系与图 7-7 所示位置分辨率与电子齿轮比的关系相同，具体请查阅台达伺服驱动器使用手册。利用西门子 S7-200 SMART 编程软件可以直接设置电动机速度。

（2）松下伺服电动机每旋转一圈的指令脉冲数和电子齿轮比

松下 A5 伺服电动机每旋转一圈的指令脉冲数和电子齿轮比见表 7-16。

表 7-16　松下 A5 伺服驱动器每旋转一圈的指令脉冲数和电子齿轮比

参数	功能	设定范围	单位	初始值	控制模式		
Pr0.08	每旋转一圈的指令脉冲数	0~1048576	Pulse	10000	P		
Pr0.09	电子齿轮比的分子	0~2^{30}	—	0	P		F
Pr0.10	电子齿轮比的分母	0~2^{30}	—	0	P		F

Pr0.08 设定为 0 时，Pr0.09 和 Pr0.10 有效；Pr0.08 设定为非 0 时，Pr0.09 和 Pr0.10 无效。

（3）三菱伺服驱动器每旋转一圈的指令脉冲数和电子齿轮比

三菱 MR-JE-10A 伺服驱动器每旋转一圈的指令脉冲数和电子齿轮比见表 7-17。

表 7-17　三菱 MR-JE-10A 伺服驱动器每旋转一圈的指令脉冲数和电子齿轮比

编号/简称/名称	功能	设定范围	初始值	控制模式
PA05 *FBP 每转指令输入脉冲数	根据设定的指令脉冲伺服驱动器旋转 1 周。此参数在 PA21 的"电子齿轮选择"中选择"1 周的指令输入脉冲数（1）"时有效	1000~1000000	10000	P
PA06 CMX 电子齿轮比的分子	设定电子齿轮比的分子。 此参数在 PA21 的"电子齿轮选择"中选择"电子齿轮（0）"时有效	1~16777215	0	P
PA07 CDV 电子齿轮比的分母	设定电子齿轮的分母。 此参数在 PA21 的"电子齿轮选择"中选择"电子齿轮（0）"时有效	1~16777215	0	P

7.2　速度控制模式

通过模拟量的输入或脉冲频率都可以进行速度的控制。在有上位控制装置的外环 PID 控制系统中，在速度控制模式时也可以进行定位，但必须把电动机的位置信号或直接负载的位置信号反馈给上位控制装置以用于计算。速度控制模式也支持直接连接负载外环检测位置信号，此时的电动机轴端的编码器只检测电动机转速，位置信号就由直接连接的最终负载端的检测装置来提供，这样的优点在于可以减少中间传动过程中的误差，增加了整个系统的定位精度。速度控制模式被应用于精密控速的场合，例如 CNC 加工机。一般伺服驱动器的速度有两种输入模式：模拟指令输入及指令寄存器输入。模拟指令输入由外部的模拟电压来控制电动机的转速。指令寄存器输入有两种应用方式：第一种为使用者在操作前，先将不同速度指令值设置于三个指令寄存器，再由 I/O 端子中的 DI 信号进行切换；第二种为利用通信方式来改变指令寄存器的内容值，选择的方式由 I/O 端子中的 DI 信号决定。为了克服指令寄存器切换产生的不连续，台达伺服驱动器提供完整 S 型曲线规划，在闭合回路系统中，采用增益及累加整合型（PI）控制器，同时可选择两种操纵模式（手动、自动）。

1. 速度控制模式标准接线

台达 ASDA-B2、松下 AS 和三菱 MR-JE-10A 伺服驱动器的速度模式标准接线分别如图 7-9～图 7-11 所示。注意，图中引脚为出厂的默认值，部分引脚的功能可通过修改相应的参数值来修改。松下位置控制专用型伺服驱动器（如 A6 系列 MADLN15SG 型）无模拟输入，接线时不要连接 14、15、16 和 18 引脚。

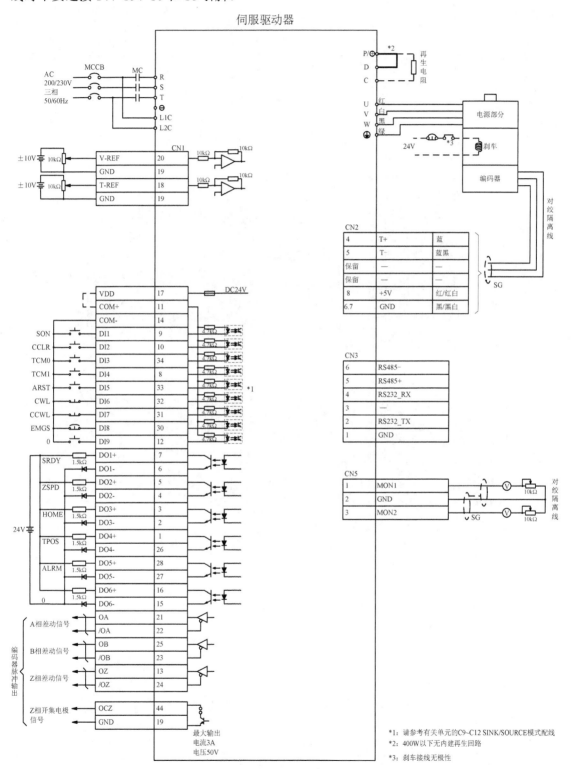

图 7-9　台达 ASDA-B2 伺服驱动器速度控制模式标准接线

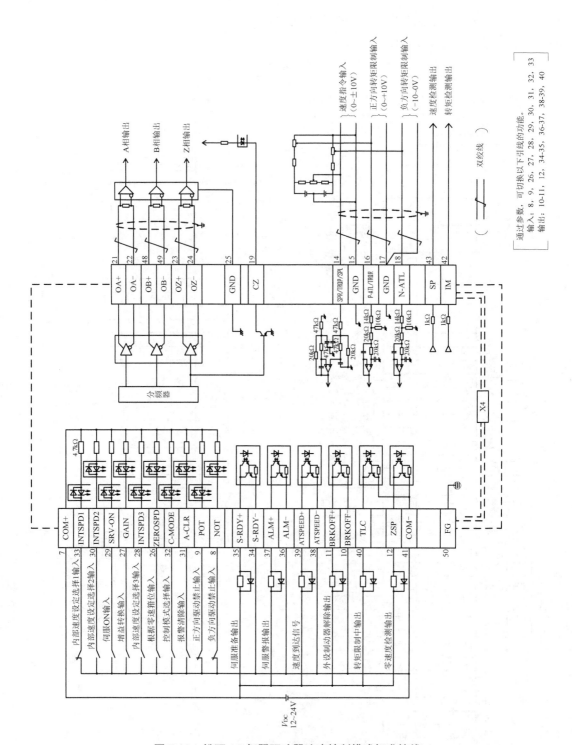

图7-10 松下A5伺服驱动器速度控制模式标准接线

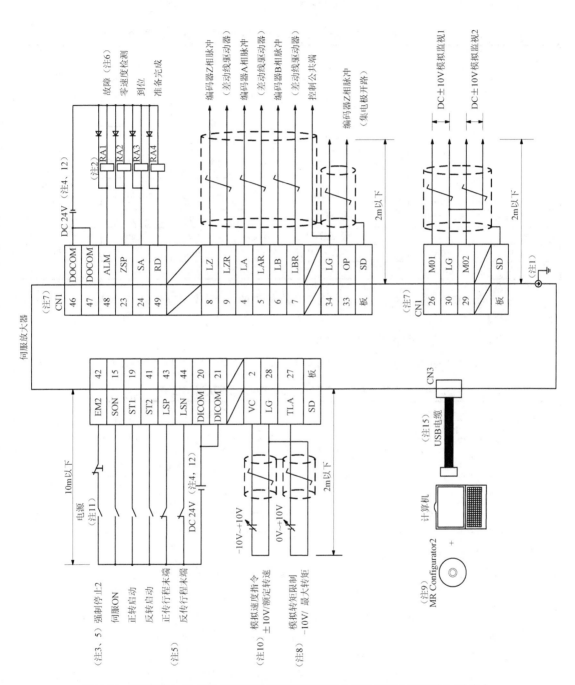

图 7-11　三菱 MR-JE-10A 伺服驱动器速度控制模式标准接线（漏型输入/输出）

2. 速度控制模式参数

1）台达 ASDA-B2 伺服驱动器速度控制模式参数

台达 ASDA-B2 伺服驱动器速度/转矩控制模式参数表见表 7-18。

表 7-18　台达 ASDA-B2 伺服驱动器速度/转矩控制模式参数表

参数	简称	功能	初始值	单位	适用控制模式		
					PT	S	T
P1-01	CTL	控制模式及控制指令输入源设定	0	Pulse r/min N-M	O	O	O
P1-02	PSTL	速度与转矩限制设定	0	N/A	O	O	O
P1-46	GR3	检测器输出脉冲数设定	1	pulse	O	O	O
P1-55	MSPD	最大速度限制	rated	r/min	O	O	O
P1-09~P1-11	SP1~3	内部速度指令 1～3	1000~ 3000	0.1r/min		O	O
P1-12~P1-14	TQ1~3	内部转矩限制 1～3	100	%		O	O
P1-40	VCM	模拟速度指令最大回转速度	rated	r/min		O	O
P1-41	TCM	模拟转矩限制最大输出	100	%		O	O
P1-76	AMSPD	检测器输出（OA，OB）最高转速设定	5500	r/min		O	O

台达 ASDA-B2 伺服驱动器速度指令的来源有两种，一为外部输入的模拟电压，另一为内部寄存器参数。

（1）台达 ASDA-B2 伺服驱动器速度选择

台达 ASDA-B2 伺服驱动器速度选择的方式是由 CN1 接口的 DI 信号来决定，见表 7-19。

表 7-19　台达 ASDA-B2 伺服驱动器速度选择指令

速度指令编号	CN1 的 DI 信号		指令来源		内容	范围
	SPD1	SPD0				
S1	0	0	模式	S	外部模拟指令 V-REF 和 GND 之间的电压差	−10～+10V
				Sz	无 速度指令为 0	0
S2	0	1	内部寄存器参数		P1-09	−50000～50000
S3	1	0			P1-10	−50000～50000
S4	1	1			P1-11	−50000～50000

SPD0～SPD1 的状态：0 代表触点断路（Open），1 代表触点通路（Close）。当 SPD0=SPD1=0 时，如果模式是 Sz，则指令为 0。因此，若不需要使用模拟电压作为速度指令时，可以采用 Sz 模式，这样可以避免模拟电压零点飘移的问题。如果模式是 S，则指令为 V-REF 和 GND 之间的模拟电压差，输入的电压范围是−10～+10V，电压对应的转速是可以调整的（由参数 P1-40 设置）。

当 SPD0、SPD1 任一不为 0 时，速度指令为内部寄存器参数。指令在 SPD0～SPD1 改变后立刻生效，不需要 CTRG 作为触发。

内部寄存器参数设定范围为−50000～50000，设定值=设定范围×单位（0.1r/min）。例如：P1−09=+30000，设定值=+30000×0.1r/min=+3000r/min。

（2）速度控制模式时序图

与表 7-19 相对应，用 OFF 代表引脚断路（Open），ON 代表引脚通路（Close），得到速度控制模式时序，如图 7-12 所示。

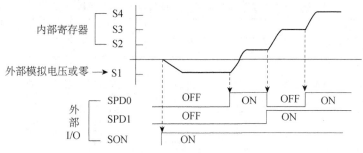

图 7-12 速度控制模式时序图

①数字输入 DI1 导通，伺服驱动器启动（Servo On）。

②数字输入 DI3（SPD0）与 DI4（SPD1）速度指令开关开路，代表 S1 指令，此时电动机根据模拟电压指令运行。

③只导通数字输入 DI3（SPD0），代表 S2 指令被执行，此时电动机转速为 S2。

④只导通数字输入 DI4（SPD1），代表 S3 指令被执行，此时电动机转速为 S3。

⑤同时导通数字输入 DI3（SPD0）与 DI4（SPD1），代表 S4 指令被执行，此时电动机转速为 S4。

⑥可任意重复③、④、⑤。

欲停止时，数字输入 DI1 开路则伺服驱动器停止（Servo Off）。

（3）模拟指令端比例器

台达伺服驱动器的速度指令由 V-REF 和 VGND 之间的模拟压差来控制，配合内部寄存器参数 P1-40 比例器来调整速度加减速与范围。P1-40 模拟速度限制最大转速，初值为比例值（rated）；控制模式为 S/T；单位为 r/min；设定范围为 0～10000；数据大小为 16bit；显示方式为 DEC；参数的功能是模拟速度指令最大转速，转速与模拟电压的比例关系如图 7-13 所示。

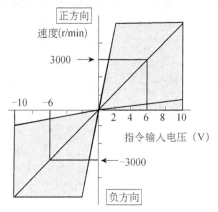

图 7-13 转速与模拟电压的比例关系

在速度控制模式下，模拟速度指令设定的是输入最大电压 10V 时的转速。假设设定值为 3000，外部输入电压为 10V，即表示控制指令速度为 3000r/min；5V 时则表示控制指令速度为 1500r/min。控制指令速度=输入电压值×设定值/10。

在速度控制模式下，模拟速度限制设定的输入最大电压（10V）时的旋转速度。限制指令速度=输入电压值×设定值/10。

2）松下 A5 伺服驱动器速度控制模式参数

松下 A5 伺服驱动器速度控制模式参数表见表 7-20。

表 7-20　松下 A5 伺服驱动器速度控制模式参数表

参数	功能	设定范围	单位	初始值	控制模式	
Pr3.00	速度设定内外切换	0~3	—	0	S	
Pr3.01	速度指令方向指定选择	0~1	—	0	S	
Pr3.02	速度指令输入增益	10~2000	(r/min) /V	500	S	T
Pr3.03	速度指令输入反转	0~1	—	1	S	
Pr3.04 ~Pr3.11	速度设定第1~第8速	−20000~20000	r/min	0	S	
Pr3.12	加速时间设定	0~10000	ms	0	S	
Pr3.13	减速时间设定	0~10000	ms	0	S	

（1）速度选择指令

松下 A5 伺服驱动器速度选择的方式是根据参数 Pr3.00 的设定值结合 X1 接口的 DI 信号 INTSPD1（默认 33 引脚）、INTSPD2（默认 30 引脚）、INTSPD3（默认 28 引脚）来决定。

用输入点配合 Pr3.00 参数就可简单实现速度控制的内部速度设定功能，参数 Pr3.00 的设定值不同时，速度设定方法见表 7-21。

表 7-21　参数 Pr3.00 设置（速度设定方法）

设定值	速度设定方法
0	模拟速度指令（SPR）
1	内部速度设定第 1 速~第 4 速（Pr3.04~Pr3.07）
2	内部速度设定第 1 速~第 4 速（Pr3.04~Pr3.06）、模拟速度指令（SPR）
3	内部速度设定第 1 速~第 8 速（Pr3.04~Pr3.11）

速度设定内外切换和内部指令速度选择见表 7-22。

表 7-22　速度设定内外切换和内部指令速度选择

设定值	内部指令速度选择 1（INTSPD1）	内部指令速度选择 2（INTSPD2）	内部指令速度选择 3（INTSPD3）	内部速度指令选择
1	OFF	OFF	无影响	第 1 速
	ON	OFF		第 2 速
	OFF	ON		第 3 速
	ON	ON		第 4 速
2	OFF	OFF	无影响	第 1 速
	ON	OFF		第 2 速
	OFF	ON		第 3 速
	ON	ON		模拟指令速度
3	和 Pr3.00=1 一样		OFF	第 1 速~第 4 速
	OFF	OFF	ON	第 5 速
	ON	OFF	ON	第 6 速
	OFF	ON	ON	第 7 速
	ON	ON	ON	第 8 速

与表 7-4 相对应，用 OFF 代表引脚断路（Open），ON 代表引脚通路（Close），得到速度控制模式时序图，如图 7-14 所示。

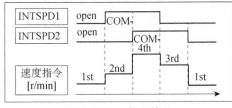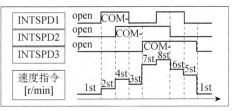

例1)pr3.00=1或2的情况　　　　　　　　例2)pr3.00=3的情况

图 7-14　速度控制模式时序图

（2）速度指令方向指定选择指令 Pr3.01

速度指令的正方向/负方向的指定方法见表 7-23 所示。

表 7-23　速度指令的正方向/负方向的指定方法

设定值	内部速度设定值（第 1 速~第 8 速）	速度指令符号选择（VC-SIGN）	速度指令方向
0	＋	无影响	正方向
	—	无影响	负方向
1	符号无影响	OFF	正方向
	符号无影响	ON	负方向

（3）速度指令输入增益 pr3.02

对于速度指令输入增益，松下与台达伺服驱动器不同的地方是，台达驱动器 P1-40 设定的是 10V 时对应的最大速度，松下驱动器 Pr3.02 设定输入电压和旋转速度的关系（斜率）。例如，标准出厂时设定 Pr3.02=500[(r/min)/V]，因此，6V 输入对应的速度为 3000r/min。注意：请勿在速度指令（SPR）输入加+10V 以上的电压。

（4）速度指令输入反转参数 Pr3.03

设定加在模拟速度指令（SPR）的电压的极性，见表 7-24。

表 7-24　设定加模拟速度指令（SPR）的电压的极性

设定值	电动机旋转方向	
0	正转	+电压→正方向、−电压→负方向
1	反转	+电压→负方向、−电压→正方向

经验证，松下位置控制专用型伺服驱动器（如 A6 系列ＭＡＤＬＮ１５ＳＧ型）无模拟速度输入指令功能，有内部速度指令功能。

3.三菱伺服驱动器速度控制模式参数

三菱 MR-JE-10A 伺服驱动器是位置专用型伺服驱动器，不具有速度控制功能。这里简述三菱伺服驱动器的一般速度参数及应用。三菱伺服驱动器速度控制模式参数表见表 7-25。

表 7-25　三菱伺服驱动器速度控制模式参数表

参数	参数名称	功能和含义	设定范围	单位	初始值
PA01	运行模式	参考表 7-3	0～5	—	0
PA02	再生选件	参考表 7-3	—	—	2000
PB09	速度控制增益	设定速度电路的增益	20～65535	rad/s	823
PC01	加速时间常数	对 VC（模拟速度指令）以及内部速度指令是指从 0 到额定转速的加速时间	0～50000	ms	0

参数	参数名称	功能和含义	设定范围	单位	初始值
PC02	减速时间常数	对 VC（模拟速度指令）以及内部速度指令是指从额定转速到 0 的加速时间	0～50000	ms	0
PC05~ PC11	内部速度指令	速度设定第 1～第 7 速度	0～瞬时容许转速	r/min	0
PC12	模拟速度指令最大转速	设置 VC 的输入最大电压 10V 时的转速。但是，当设置为"0"时，为额定转速。当在 VC 中输入大于容许转速的指令值时，将固定在容许转速	0～50000	r/min	0
PD03~PD20	输入设置参数	—	—	r/min	—

速度控制模式时，运行时的速度指令选择见表 7-26，输入软元件引脚功能设置见表 7-3。

表 7-26　速度指令选择

输入软元件			速度指令
SP1	SP2	SP3	
0	0	0	VC（模拟速度指令）
0	0	1	Pr. PC05 内部速度指令 1
0	1	0	Pr. PC06 内部速度指令 2
0	1	1	Pr. PC07 内部速度指令 3
1	0	0	Pr. PC08 内部速度指令 4
1	0	1	Pr. PC09 内部速度指令 5
1	1	0	Pr. PC10 内部速度指令 6
1	1	1	Pr. PC11 内部速度指令 7

7.3　转矩控制模式

转矩控制模式被应用于需要做扭力控制的场合，主要应用在对材质的受力有严格要求的缠绕和放卷的装置中。例如，绕线装置或拉光纤设备，转矩的设定要根据缠绕半径的变化随时更改以确保材质的受力不会随着缠绕半径的变化而改变。有两种输入模式：模拟指令输入及指令寄存器输入。模拟指令输入可经由外界的电压来操纵电动机的转矩。指令寄存器输入由内部寄存器参数的数据作为转矩指令。转矩控制模式是通过外部模拟量的输入或直接的地址赋值来设定电动机轴对外的输出转矩的大小。可以通过随时地改变模拟量的设定值来改变设定转矩的大小，也可通过通信方式改变对应地址的数值来实现。

1. 转矩控制模式标准接线

台达 ASDA-B2、松下 A5 和三菱 MR-JE-10A 伺服驱动器的转矩控制模式标准接线分别如图 7-15～图 7-17 所示。注意，图中引脚为出厂的默认值，部分引脚的功能可通过修改相应的参数值来修改。松下位置控制专用型伺服驱动器（如 A6 系列 MADLN15SG 型）无模拟输入，接线时请不要连接 14、16、18 引脚和 15 引脚的 SG。

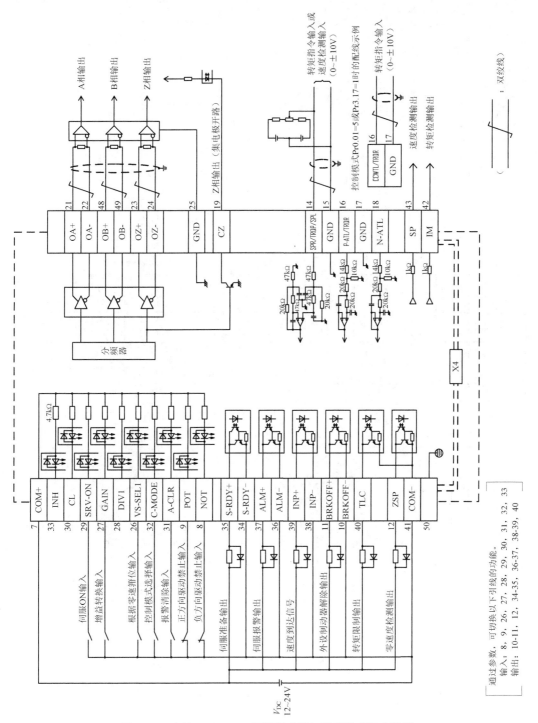

图 7-15　台达 ASDA-B2 伺服驱动器矩控制模式标准接线

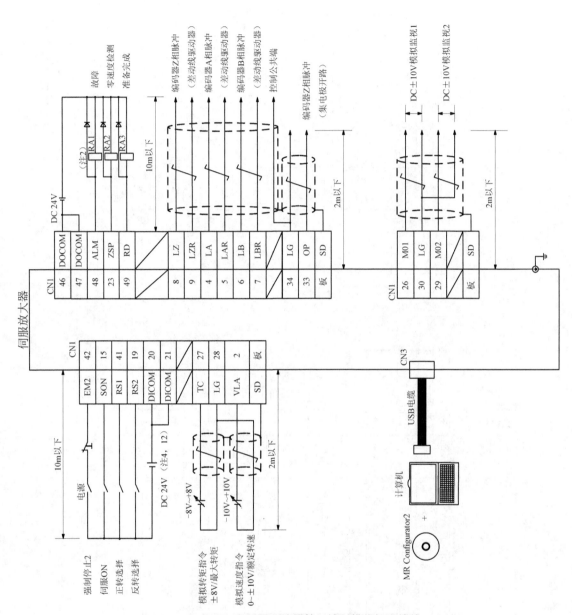

图 7-16 松下 A5 伺服驱动器转矩控制模式标准接线

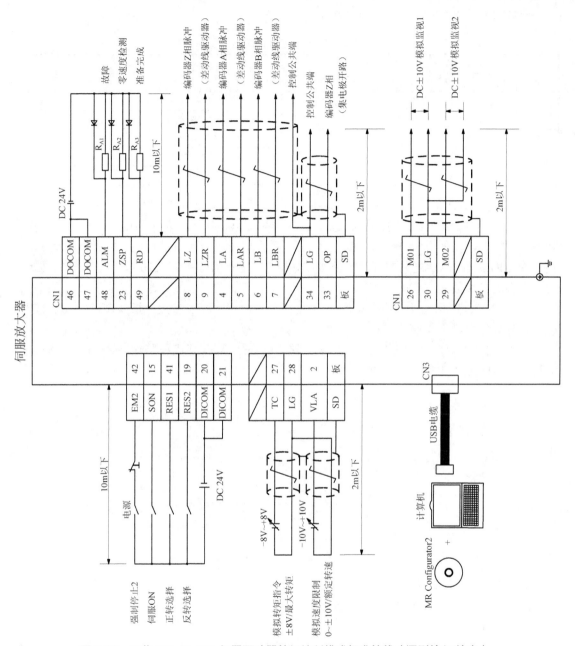

图 7-17　三菱 MR-JE-10A 伺服驱动器转矩控制模式标准接线（漏型输入/输出）

2. 转矩控制模式参数

1）台达 MR-JE-10A 伺服驱动器转矩控制模式参数

转矩指令的来源同速度控制模式一样分成两类，一为外部输入的模拟电压，另一为内部寄存器参数。

（1）台达 MR-JE-10A 伺服驱动器转矩选择

选择的方式由 CN1 的 DI 信号来决定，见表 7-27。

表 7-27　转矩控制模式指令表

指令编号	CN1 的 DI 信号		指令来源			内容	范围
	TCM1	TCM0					
T1	0	0	模式	T	外部模拟指令	T-REF 和 GND 之间的电压差	−10～+10V
				Tz	无	扭矩指令为 0	0
T2	0	1	内部寄存器参数			P1-12	−300%～300%
T3	1	0				P1-13	−300%～300%
T4	1	1				P1-14	−300%～300%

　　TCM0～TCM1 的状态：0 代表引脚断路（Open），1 代表引脚通路（Close）。

　　当 TCM0=TCM1=0 时，如果模式是 Tz，则指令为 0。因此，若不需要使用模拟电压作为转矩指令时，可以采用 Tz 模式，这样可以避免模拟电压零点漂移的问题。如果模式是 T，则指令为 T-REF 与 GND 之间的模拟电压差，输入的电压范围是−10～+10V，代表对应的转矩是可以调整的（参数 P1-41）。

　　当 TCM0、TCM1 任一不为 0 时，转矩指令为内部寄存器参数。指令在 TCM0～TCM1 改变后立刻生效，不需要 CTRG 作为触发。

　　与表 7-27 相对应，用 OFF 代表引脚断路（Open），ON 代表引脚通路（Close），得到转矩控制模式时序，如图 7-18 所示。

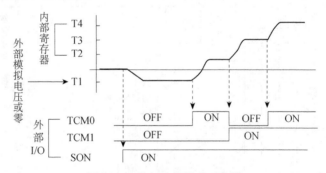

图 7-18　转矩控制模式时序图

　　模式是 Tz 时，转矩指令 T1=0；当模式是 T 时，转矩指令 T1 是外部输入的模拟电压。当 Servo On 以后，即根据 TCM0～TCM1 的状态来选择指令。

（2）模拟指令端比例器

　　电动机转矩指令由 T_REF 和 GND 之间的模拟压差来控制，并配合内部寄存器参数 P1-41（模拟转矩指令最大输出）比例器来调整转矩斜率及范围。转矩与模拟电压的比例关系见图 7-19。

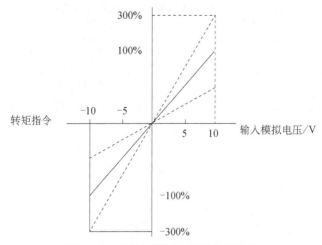

图 7-19   转矩与模拟电压的比例关系

在转矩控制模式下,模拟转矩指令由输入最大电压 10V 时的转矩设定。初始值设定 100 时外部电压若输入 10V,即表示转矩控制指令为 100%额定转矩;5V 时则表示速度控制指令为 50%额定转矩。转矩控制指令=输入电压值×设定值/10（%）。

在转矩控制模式下,模拟转矩限制是指输入最大电压 10V 时的转矩限制设定。转矩限制指令=输入电压值×设定值/10（%）。

2）松下 A5 伺服驱动器转矩控制模式参数

松下 A5 伺服驱动器转矩控制模式参数表见表 7-28。

表 7-28   松下 A5 伺服驱动器转矩控制模式参数表

参数	功能	设定范围	单位	初始厂值	控制模式	
Pr3.17	转矩指令选择	0~2	—	0		T
Pr3.18	转矩指令方向指定选择	0~1	—	0		T
Pr3.19	转矩指令输入增益	10~100	0.1V/100%	30		T
Pr3.20	转矩指令输入反转	0~1	—	0		T
Pr3.21	速度限制值 1	0~20000	r/min	0		T
Pr3.22	速度限制值 2	0~20000	r/min	0		T

（1）伺服转矩选择

松下 A5 伺服驱动器转矩选择的方式是根据参数 Pr3.17 的设定值结合 X1 接口信号 CCWTUTEROR（16 号引脚）、GND（17 号引脚）来决定,转矩指令输入和速度限制输入设置表见表 7-29。

表 7-29   转矩指令输入和速度限制输入设置表

设定值	转矩指令输入	速度限制输入
0	模拟输入 1*（AI1,分辨率 16bit）	参数值（Pr3.21）
1	模拟输入 2（AI2,分辨率 12bit）	模拟输入 1*（AI1,分辨率 16bit）
2	模拟输入 1*（AI1,分辨率 16bit）	参数值（Pr3.21）

*Pr0.01 =5（速度/转矩控制模式）时,转矩指令输入为模拟输入 2（AI2,分辨率 12bit）。

（2）转矩指令方向指定选择 Pr3.18

转矩指令的正方向/负方向的指定方法见表 7-30。

表 7-30　转矩指令的正方/负方向的指定方法

设定值	指定方法
0	用转矩指令的符号指定方向 转矩指令输入+→正方向，转矩指令输入-→负方向
1	用转矩指令符号（TC-SIGN）指定方向 OFF：正方向　　　ON：负方向

（3）转矩指令输入增益 Pr3.19

转矩指令输入增益 pr3.19 设定从施加在模拟转矩指令（TRQR）的电压（V）到转矩指令（%）的变换增益。设定值的单位为（0.1V/100%），设定额定转矩输出所需要的输入电压值。在出厂设定值为 30 时形成 3V/100% 的关系。注意：请勿在速度指令（SPR）输入加+10V 以上的电压。

（4）转矩指令输入反转参数 Pr3.20

设定加在模拟指令（TROR）的电压的极性，见表 7-31。

表 7-31　转矩指令输入反转参数

设定值	电动机旋转方向	
0	正反转	+电压→正方向，-电压→负方向
1	反转	+电压→负方向，-电压→正方向

3）三菱 MR-JE-10A 伺服驱动器转矩控制模式参数

三菱 MR-JE-10A 型伺服驱动器是位置专用型伺服驱动器，不具有转矩控制功能。这里简述三菱伺服驱动器的一般转矩参数。三菱 MR-JE-10A 伺服驱动器转矩控制模式参数表见表 7-32。

表 7-32　三菱 MR-JE-10A 伺服驱动器转矩控制模式参数表

参数	名称	功能和含义	设定范围	单位	初始值
PA01	运行模式	—	0~5	—	0
PA02	再生选件	—	参考表 7-3	—	2000
PC04	转矩指令时间常数	设定相对于转矩指令一阶滞后的滤波器常数	0~50000	ms	0
PC13	模拟转矩指令最大转速	将模拟转矩指令电压（TC=±8V）为+8V 时的输出转矩按照最大转矩=100.0%进行设置。如，设置值为 50 时，则按照最大转矩×50.0/100.0 进行输出。当在 TC 中输入大于最大转矩的指令值时，则将固定在最大转矩	0.0~1000.0	%	100
PD03~PD20	输入设置参数	—	—	r/min	—

（1）转矩指令与输出转矩。

TC（模拟转矩指令）的加载电压与伺服电动机转矩的关系如图 7-20 所示，在±8V 下产生最大转矩。另外，±8V 输入时对应的输出转矩可以在 Pr. PC13 中进行变更。

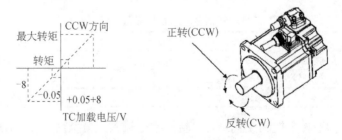

图 7-20　加载电压与伺服电动机转矩的关系

与电压相对应的输出转矩指令值约有 5% 的差异。

此外，如果电压较低（−0.05V～0.05V）时，实际速度接近限制值，则转矩有可能会发生变动，此时应提高速度限制值。

使用 TC（模拟转矩指令）时，由 RS1（正转选择）以及 RS2（反转选择）决定的转矩旋转方向，见表 7-33。

表 7-33　转矩旋转方向

输入软元件		旋转方向		
		TC（模拟转矩指令）		
RS2	RS1	+极性	0V	−极性
0	0	不输出转矩	不发生转矩	不输出转矩
0	1	CCW（正转驱动，反转再生）		CW（反转驱动，正转再生）
1	0	CW（反转驱动，正转再生）		CCW（正转驱动，反转再生）
1	1	不输出转矩		不输出转矩

（2）模拟转矩指令偏置。

在 Pr. PC38 中针对 TC 加载电压可以进行图 7-21 所示的 −9999～9999 偏置电压的相加。

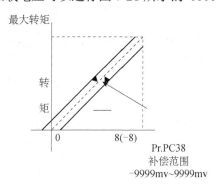

图 7-21　模拟转矩指令偏置

③速度限制值的选择

当在 Pr. PD03～Pr. PD20 的设置中将 SP1（速度选择 1）、SP2（速度选择 2）以及 SP3（速度选择 3）设置为可用时，VLA（模拟速度限制）及内部速度限制 1～7 的速度限制值将能够选择。输入软元件引脚功能及对应速度限制见表 7-34。

表 7-34　输入软元件引脚功能及对应速度限制

输入软元件			速度限制
SP3	SP2	SP1	
0	0	0	VLA（模拟速度限制）
0	0	1	Pr. PC05　内部速度限制 1
0	1	0	Pr. PC06　内部速度限制 2
0	1	1	Pr. PC07　内部速度限制 3
1	0	0	Pr. PC08　内部速度限制 4
1	0	1	Pr. PC09　内部速度限制 5
1	1	0	Pr. PC10　内部速度限制 6
1	1	1	Pr. PC11　内部速度限制 7

电动机的转速达到内部速度限制 1～7,或模拟速度限制在所限制的转速时,VLC 将会开启。

7.4 混合控制模式

除了单一控制模式以外,伺服驱动器也提供混合模式可供选用。台达伺服驱动器混合控制模式有速度/位置混合控制模式（PT-S）、速度/转矩混合控制模式（S-T）、转矩/位置混合控制模式（PT-T）等类型。松下伺服驱动器混合控制模式有位置/速度控制模式、位置/转矩控制模式、速度/转矩控制模式。三菱伺服驱动器混合控制模式有位置/速度控制模式、速度/转矩控制模式、转矩/位置控制模式。需说明的是,所谓混合控制模式是指在两种控制模式间切换,伺服电动机同一时刻只能工作在一种控制模式下。

要将市面上粗细均匀的金属细线打磨成前端锥度均匀的金属细线,经过分析,提出了分多段打磨线径的加工方案。线径加工示意图如图 7-22 所示,加工长度为 L_0 的金属细线分成多段来打磨,每段打磨一定的线径磨削量 ΔR。先打磨第一加工段 L_0,打磨时从加工段最右点开始,打磨到磨线机起点位置,当磨削掉 ΔR 的线径后,再打磨第二加工段 L_1,这样,依次打磨到最后加工段 L_n。当最后加工段打磨完成后,为平滑每段之间的小梯度,最后再打磨一遍所有加工段,以此得到锥度。

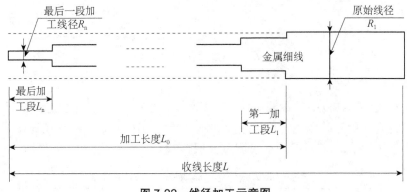

图 7-22 线径加工示意图

1. 实训器材

在 YL158-GA 装置和 YL-335B 装备中分别选用器材,见表 6-19。

2. 实训内容

（1）画出系统接线电气原理图

在系统接线电气原理图中,PLC 由外部 24V 开关电源供电。伺服驱动器位置控制端子、

PLC 输出 2L、2M 的电源有两类 4 种接法：如果 PLC 输出带负载的容量较大，用外部 24V 开关电源供电较为合适；如果 PLC 输出带负载的容量较小，可以由伺服驱动器的 VDD 和 GND 供电；PULSE 和/PULSE 间为双向光耦，SIGN 和/SIGN 间为双向光耦，PLC 为高电平输出，既可以接 PULSE 也可以接/PULSE，另一端接地。如图 7-23 和图 7-24 所示分别为台达 ASDA-B2、松下 A5 伺服系统电气接线原理图。

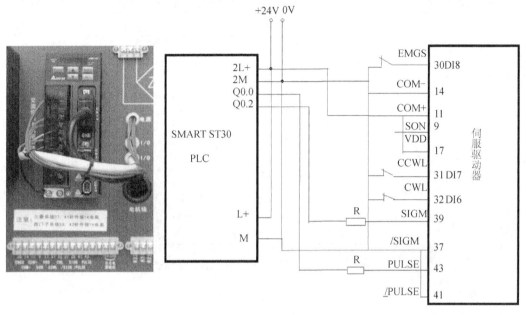

(a)

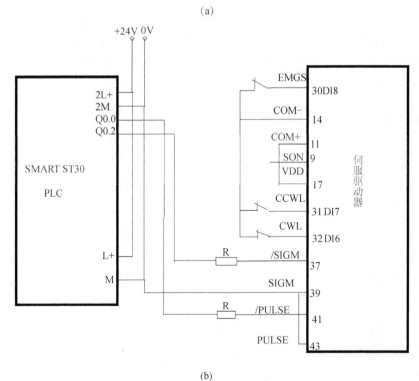

(b)

图 7-23 台达 ASDA-B2 伺服系统电气接线原理图

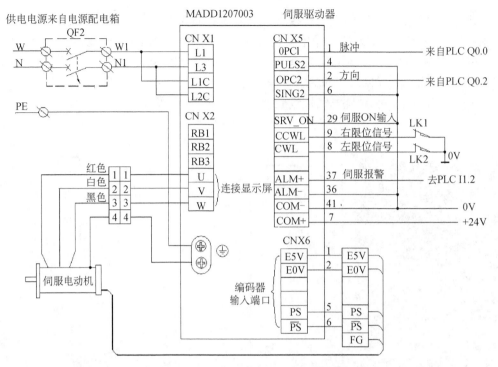

图 7-24　松下 A5 伺服系统电气接线原理图

（2）接线

根据电气接线原理图，完成电气接线。

（3）参数设置

9 号端子 SON 悬空，伺服系统上电后设置伺服驱动器的参数。台达 ASDA-B2、松下 A5 伺服驱动器的参数设置及功能含义分别见表 7-35 和表 7-36。为验证位置分辨率，先将伺服驱动器电子齿轮比设为 1∶1，参数设置完毕，断电再接上 SON。

表 7-35　台达 ASDA-B2 伺服驱动器的参数设置及功能含义

参数		设置数值	功能含义
参数编号	参数名称		
P2-08	特殊参数写入	10	参数重置（复位恢复出厂设置）（重置后请重新投入电源）
P0-02	驱动器状态显示	00	显示电动机反馈脉冲数
P1-00	外部脉冲串指令输入设定	2	脉冲串+方向
P1-01	控制模式及控制指令输入源	00	Pt：位置控制模式（相关代码 Pt）
P1-44	电子齿轮比的分子		首先设为 1∶1，验证伺服电动机编码器为 160000pulse；为使脉冲当量为 1μm，然后设为 160∶4
P1-45	电子齿轮比的分子		
P1-13	内部转矩指令 2	50	内部转矩指令 2：第 2 段内部转矩指令设定
P1-14	内部转矩指令 3	100	内部转矩指令 3：第 3 段内部转矩指令设定
P2-00	位置控制增益	35	增益值加大可提升位置应答性及缩小位置控制误差，但若设定值太大，则易产生振动及噪声
P2-02	位置控制前馈增益	50	位置控制指令平滑变动时，增益值加大可改善位置跟随误差；位置控制指令不平滑变动时，增益值减小可降低机械运转振动现象

表 7-36　松下 A5 伺服驱动器的参数设置及功能含义

序号	参数		设置数值	功能含义
	参数编号	参数名称		
1	Pr5.28	LED 初始状态	1	显示电动机转速
2	Pr0.01	控制模式	0	位置控制（相关代码 P）
3	Pr5.04	驱动禁止输入设定	2	当左或右（POT 或 NOT）限位动作，则会发生 Err38 行程限位禁止输入信号出错报警。此参数值必须在电源断电重启之后才能修改、写入成功
4	Pr0.04	惯量比	250	
5	Pr0.02	实时自动增益设置	1	实时自动调整为标准模式，运行时负载惯量的变化情况很小
6	Pr0.03	实时自动增益的机械刚性选择	13	此参数值设得越大，响应越快
7	Pr0.06	指令脉冲旋转方向设置	1	
8	Pr0.07	指令脉冲输入方式	3	脉冲串+方向
9	Pr0.08	电动机每旋转一转的脉冲数	60000	

注：其他参数的说明及设置请参考松下 A5 系列伺服电动机、驱动器使用说明书。

（4）用西门子 S7-200 SMART PLC 软件编写程序并调试程序。

①当台达伺服电子齿轮比为 1∶1 时，测量系统首先采用"相对脉冲"向 PLC 发送 160000 个脉冲，伺服电动机转一圈，工作台前进 4mm；当伺服驱动器电子齿轮比为 160∶4 时，测量系统采用"工程量单位"时的 4000 个脉冲，伺服电动机转一圈，工作台前进 4 mm，使得脉冲当量为 1μm。

②编写磨线机工作台分段加工程序。

 单元拓展

1. 信号变换问题

西门子 PLC 的晶体管输出多为 PNP 型（CPU224 XPsi 为 NPN 型），而三菱伺服驱动器多为 NPN 输入，很显然，三菱驱动器不能直接接收西门子的 PNP 信号。

解决方案：

①将西门子 PLC 的信号反相，PLC 的 Q0.0 输出信号经过三极管 SS8050 后变成伺服驱动器可以接收的信号。

②与方案①类似，PLC 的 Q0.0 输出信号经过非门电路后变成伺服驱动器可以接收的信号。

③采用快速光耦，PLC 的 Q0.0 输出信号经过光耦后变成伺服驱动器可以接收的信号。

关键点：

需要指出的是，对于要求不高的系统可以采用上述解决方案。因为 PLC 输出的脉冲信号经过处理后，其品质明显变差，容易丢失脉冲。因此，在选购 PLC 和伺服驱动器时，考察好 PLC 的输出和伺服驱动器的输入是否一致，最好选择一致。

2. 电平匹配问题

西门子 PLC 不能与某些伺服驱动器直接相连接，这是因为伺服驱动器的控制信号是 5V，而西门子 PLC 的晶体管输出信号是+24V，显然不匹配。

解决方案：

①在 PLC 和驱动器之间串联一只 2kΩ 电阻（1kΩ 也可以），起分压作用，使输入信号近似为 5V。有的资料指出此电阻是为了将输入电流控制在 10mA 左右，也就是起限流作用。在这里，电阻的限流或分压作用的含义在本质上是相同的。

②在 PLC 输出的 L 接线端子上接直流+5V 电压也是可行的，但产生的问题是本组其他输出信号都为+5V。

在设计时要综合考虑利弊，从而进行取舍。

单元 8　步进系统的原理及应用

 单元导学

本单元教学课件

图 8-1 为一种剥皮扭线机实物图，图 8-2 为剥皮扭线机系统结构简图。由图可知，剥皮扭线机系统主要由三部分组成，分别是上位机系统、下位机系统（PLC 系统）、执行机构（步进系统）。其中，上位机系统包括同时将信息输入单片机和 PLC 的键盘、用于控制和显示的单片机和液晶显示屏；PLC 通过程序控制步进电动机按要求动作，来完成系统功能，一部分错误信息由 PLC 编码送给单片机，解码后在显示屏上显示；步进系统包括四个步进电动机及其驱动器，步进电动机的驱动器接收由 PLC 发来的脉冲、方向等信号，驱动相应的电动机来控制左滚轮、裁刀、右滚轮及扭线轮的运动。

图 8-1　剥皮扭线机实物图

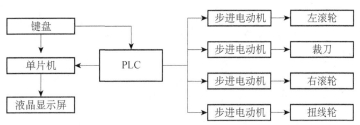

图 8-2　剥皮扭线机系统结构简图

图 8-3 为剥皮扭线机系统的工作原理图，图中右滚轮步进电动机带动上、下右滚轮转动，从而带动被夹持的导线左右移动；裁刀步进电动机带动上、下两裁刀向相反方向运动，通过控制上、下裁刀之间的位移，实现剥皮和裁线的功能；左滚轮步进电动机带动上、下左滚轮转动，从而带动被夹持的导线左右移动；扭线轮步进电动机带动上、下左滚轮（扭线轮与左滚轮在物理上是指同一滚轮）向相反方向前后运动，实现扭线功能。

本单元通过学习步进系统在剥皮扭线机中的应用，使得学生掌握以下知识要点和技能。

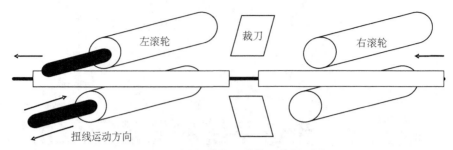

图 8-3　剥皮扭线机系统的工作原理图

1. 知识目标

（1）熟悉步进电动机和步进驱动器的结构和工作原理；

（2）掌握步进电动机及步进驱动器的选型；

（3）掌握步进电动机的简单应用。

2. 技能目标

（1）能根据实际需求选择合适的步进系统；

（2）能完成简单的步进系统设计；

（3）能完成步进电动机和步进驱动器的电气接线；

（4）会编写控制步进系统的 PLC 程序。

单元知识

8.1　步进电动机

　　步进电动机是一种将电脉冲转化为角位移的执行机构。当步进电动机接收到一个脉动直流信号，它就按设定的方向转动一个固定的角度（称为"步距角"），它接收到持续的脉动直流信号便能够以固定的角度一步一步的旋转。可以通过控制脉冲个数来控制角位移量，从而达到准确定位的目的；同时可以通过控制脉冲频率来控制电动机转动的速度和加速度，从而达到调速的目的。步进电动机可以作为一种控制用的特种电动机，利用其没有累积误差的特点，广泛应用于各种开环控制系统。步进电动机的最高转速通常要比直流伺服电动机和交流伺服电动机低，且在低速时容易产生振动，影响加工精度。但步进电动机伺服系统的控制比较容易，在速度和精度要求不太高的场合有一定的使用价值，特别适合于中、低精度的经济型数控机床和普通机床的数控化改造。目前，打印机、绘图仪、机械手、磁盘驱动器、玩具、雨刷、机械手臂、简易数控机床等设备都以步进电动机为动力核心。

1. 步进电动机简介

　　YL-158GA 装置和 YL-335B 装备都采用步科 3S57Q-04079 三相步进电动机，SX-815Q 装

备的机器人单元采用研控 YK42XQ47-02A 两相步进电动机，天煌 THJDQG-2 光机电一体化实训考核装置采用雷赛 42J1834-810 两相步进电动机，其实物图如图 8-4 所示。

　　(a) 步科3S57Q-04079　　　　(b) 研控YK42XQ47-02A　　　(c) 雷赛42J1834-810

图 8-4　步进电动机实物图

　　步进电动机常分为永磁式步进电动机、反应式步进电动机和混合式步进电动机三种类型。

2. 步进电动机的结构和工作原理

1）步进电动机的结构

　　我国使用反应式步进电动机较多，它与普通电动机一样，也是由定子（绕组、定子铁芯）、转子（转子铁芯、永磁体、转轴、滚珠轴承）、前后端盖等组成，如图 8-5 所示。

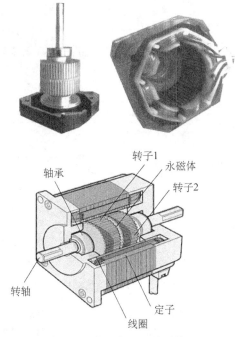

图 8-5　步进电动机的结构

　　最典型两相混合式步进电动机的定子有 8 个大齿、40 个小齿，转子有 50 个小齿；三相电动机的定子有 9 个大齿、45 个小齿，转子有 50 个小齿。图 8-6 所示是一典型的单定子、径向分相、反应式步进电动机的结构原理图。定子铁芯由硅钢片叠压而成，定子绕组是绕制在定子铁芯 6 个均匀分布的齿上的线圈，在径向上相对的两个齿上的线圈串联在一起，构成一相控制绕组。定子绕组共构成 A、B、C 三相控制绕组，故称为三相步进电动机。若任一相绕组通电，便形成一组定子磁极，其方向即图 8-6 中所示的 N、S 极。在定子的每个磁极上，面向转子的部分，又均匀分布着 5 个小齿（5×6 共 30 个），这些小齿呈梳状排列，齿槽等宽，齿距角为 9°。转子上没有绕组，只有均匀分布的 40 个齿，其大小和间距与定子上的完全相同。定子和转子的齿数不相等，产生了错齿，三相定子磁极上的小齿在空间位置上依次错开 1/3 齿距，即 3°，如图 8-7 所示。当 A 相磁极上的小齿与转子上的小齿对齐时，B 相磁极上的齿刚好超前（或滞后）转子齿 1/3 齿距角，C 相磁极齿超前（或滞后）转子齿 2/3 齿距角。

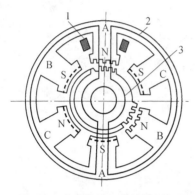

图 8-6　步进电动机的结构原理图

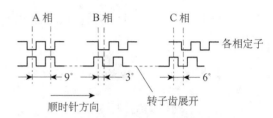

图 8-7　步进电动机的齿距

2）步进电动机的原理

下面以一台最简单的三相反应式步进电动机为例，介绍介步进电动机的工作原理。图 8-8 是一台三相反应式步进电动机的原理图。定子铁芯为凸极式，共有三对（六个）磁极，每两个空间相对的磁极上绕有一相控制绕组。转子用软磁性材料制成，也是凸极结构，只有四个齿，齿宽等于定子的极宽。

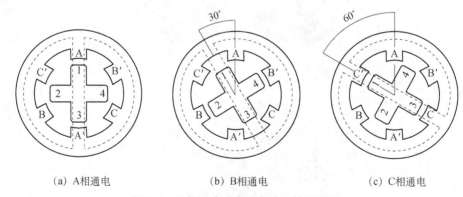

(a) A相通电　　　　　　　(b) B相通电　　　　　　　(c) C相通电

图 8-8　三相反应式步进电动机的原理图

当 A 相控制绕组通电，其余两相均不通电，电动机内建立以定子 A 相极为轴线的磁场，定子被磁化后，吸引转子转动，使转子的齿与该相定子磁极上的齿对齐，实际上就是电磁铁的作用原理。由于磁通具有力图走磁阻最小路径的特点，使转子齿 1、3 的轴线与定子 A 相极轴线对齐。如图 8-8（a）所示，定子 A 齿和转子的 1 齿对齐，定子磁极和转子磁极相吸引，因此转子没有切向力，转子静止。若 A 相控制绕组断电、B 相控制绕组通电时，转子在反应转矩的作用下，逆时针转过 30°，使转子齿 2、4 的轴线与定子 B 相极轴线对齐，即转子走了一步，如图 8-8（b）所示。若再断开 B 相，使 C 相控制绕组通电，转子逆时针方向又转过 30°，使转子齿 1、3 的轴线与定子 C 相极轴线对齐，如图 8-8（c）所示。如此按 A—B—C—A 的顺序轮流通电，转子就会一步一步地按逆时针方向转动。若按 A—C—B—A 的顺序通电，则电动机按顺时针方向转动。其转速取决于各相控制绕组通电与断电的频率，旋转方向取决于控制绕组轮流通电的顺序。

上述通电方式称为三相单三拍。"三相"是指三相步进电动机；"单三拍"是指每次只有一相控制绕组通电，控制绕组每改变一次通电状态称为一拍；"三拍"是指改变三次通电状态为一个循环。把每一拍转子转过的角度称为步距角，三相单三拍运行时，步距角为 30°。显然，这个角度太大，不能付诸实用。

如果把控制绕组的通电方式改为 A→AB→B→BC→C→CA→A，即一相通电接着二相间隔地轮流进行通电，完成一个循环需要经过六次改变通电状态，称为三相单双六拍通电方式。"双"是指每次有两相绕组通电，当 A、B 两相绕组同时通电时，转子齿的位置应同时考虑到两对定子极的作用，只有 A 相极和 B 相极对转子齿所产生的磁拉力相平衡的中间位置，才是转子的平衡位置。这样，三相单双六拍通电方式下转子平衡位置增加了一倍，步距角为 15°。

这样，三相反应式步进电动机的通电方式有：三相单三拍、三相双三拍、三相单双六拍。

进一步减小步距角的措施是采用定子磁极带有小齿、转子齿数很多的结构。分析表明，这样结构的步进电动机，其步距角可以很小。一般来说，步进电动机产品都采用这种方法实现步距角的细分。实践中定子的齿数在 40 个及以上，而转子的齿数在 50 个及以上，定子和转子的齿数不相等，产生了错齿，错齿造成磁力线扭曲。由于定子的励磁磁通沿磁阻最小路径通过，因此对转子产生电磁吸力，迫使转子齿转动。错齿是促使步进电动机旋转的根本原因。这样，步距角等于错齿的角度。错齿角度的大小取决于转子上的齿数和磁极数，磁极数越多，转子上的齿数越多，步距角越小，步进电动机的位置精度越高，其结构也越复杂。

除上面介绍的反应式步进电动机之外，常见的步进电动机还有永磁式步进电动机和永磁反应式步进电动机，它们的结构虽不相同，但工作原理相同。

不同的步进电动机的接线有所不同，3S57Q-04079 接线图如图 8-9 所示，三个相绕组的 6根引出线必须按头尾相连的原则连接成三角形。改变绕组的通电顺序就能改变步进电动机的转动方向。

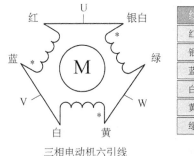

三相电动机六引线

线色	电动机信号
红色	U
银白色	U
蓝色	V
白色	V
黄色	W
绿色	W

图 8-9　3S57Q-04079 接线图

3）步进电动机的参数

（1）步距角

它表示控制系统每发送一个步进脉冲信号，电动机所转动的角度。

$$\alpha=360/(mzk)$$

式中，m 相 m 拍时，$k=1$；m 相 $2m$ 拍时，$k=2$；m 为相数，z 为转子齿数。

（2）相数

步进电动机的相数是指电动机内部的线圈组数，或者说产生不同对极 N、S 磁场的励磁线圈对数。

（3）拍数

完成一个磁场周期性变化所需脉冲数或导电状态，用 n 表示，或指电动机转过一个齿距角所需脉冲数。以四相电动机为例，有四相四拍运行方式，即 AB—BC—CD—DA—AB。

（4）保持转矩

保持转矩是指步进电动机通电但没有转动时，定子锁住转子的转矩。比如，常说 2N·m 的步进电动机，在没有特殊说明的情况下是指保持转矩为 2N·m 的步进电动机。

（5）箝制转矩

箝制转矩是指步进电动机没有通电的情况下，定子锁住转子的转矩。由于反应式步进电动机的转子不是永磁材料，所以它没有箝制转矩。

（6）失步

电动机运转时运转的步数不等于理论上的步数，称为失步。速度过高、速度过低或者负载过大都会产生失步，失步会产生刺耳的嘶叫声。

实验室选用的 Kinco（步科）三相步进电动机 3S57Q-04079，它的步距角是在整步方式下为 1.2°，半步方式下为 0.6°。3S57Q-04079 步进电动机部分技术参数见表 8-1。

表 8-1　3S57Q-04079 步进电动机部分技术参数

型号	3S57Q-04079
步距角	1.2°±5%
相电流（A）	5.8
保持扭矩（N·m）	1.5
阻尼扭矩（N·m）	0.07
相电阻（Ω）	1.05±10%
相电感（mH）	2.4±20%
电动机惯量（kg.cm²）	0.48
电动机长度 L（mm）	79
电动机轴径（mm）	8
引线数量	6
绝缘等级	B
耐压等级	500VAC 1min
最大轴向负载（N）	15
最大径向负载（N）	75
工作环境温度	−20～+50℃

表面温升	最高80℃（相线圈接通额定相电流）
绝缘阻抗	最小100MΩ，500VDC
质量（kg）	1

4）步进电动机的特点

①一般步进电动机的精度为步进角的3%～5%，且不累积。

②步进电动机外表允许的最高温度取决于不同电动机磁性材料的退磁点。一般来讲，磁性材料的退磁点都在130℃以上，有的甚至高达200℃以上，所以步进电动机外表温度在80～90℃完全正常。

③步进电动机低速时可以正常运转，但若高于一定速度就无法启动，并伴有啸叫声。

④低频振动特性。步进电动机以连续的步距状态边移动边重复运转。其步距状态的移动会产生1步距响应。电动机驱动电压越高，电动机电流越大，负载越轻，电动机体积越小，反之亦然。

⑤步进电动机的力矩会随转速的升高而下降。

⑥改变步进电动机定子绕组的通电顺序，转子的旋转方向随之改变。

8.2 步进驱动器

步进电动机不能直接接到工频交流或直流电源上，而必须使用专用的步进电动机驱动器，它由脉冲发生控制单元、功率驱动单元、保护单元等组成。驱动单元与步进电动机直接耦合，也可理解为步进电动机微机控制器的功率接口。驱动器和步进电动机是一个有机的整体，步进电动机的运行性能是电动机及其驱动器二者配合所反映的综合效果。步进电动机控制系统如图8-10所示。控制器（常用PLC）发出脉冲信号和方向信号，步进驱动器接收这些信号，先进行环形分配和细分，然后进行功率放大，变成安培级的脉冲信号发送到步进电动机，从而控制步进电动机的速度和位移。

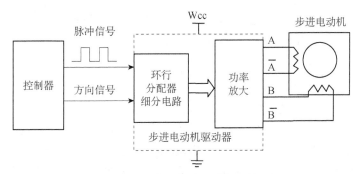

图 8-10 步进电动机控制系统

常见步进驱动器硬件如图8-11所示。步进驱动器的电路由五部分组成，分别是脉冲混合电路、加减脉冲分配电路、加减速电路、环形分配器和功率放大器，如图8-12所示。步进驱动器最重要的功能是环形分配和功率放大。

(a) 步科3M458　　　　　　　(b) 雷赛　　　　　　　(c) 内部电路

图 8-11　步进驱动器硬件

图 8-12　步进驱动器电路组成

1. 脉冲分配器

脉冲分配器完成步进电动机绕组中电流的通断顺序控制，即控制插补输出脉冲，按步进电动机所要求的通断电顺序规律地分配给步进电动机驱动电路的各相输入端。例如：三相单三拍驱动方式，供给脉冲的顺序为 A—B—C—A 或 A—C—B—A。脉冲分配器的输出既是周期性的，又是可逆性的（完成反转），因此也称为环形脉冲分配。

脉冲分配有两种方式：一种是硬件脉冲分配；另一种是软件脉冲分配，通过计算机编程控制。硬件脉冲分配器由逻辑门电路和触发器构成，提供符合步进电动机控制指令所需的顺序脉冲。目前，已经有很多可靠性高、尺寸小、使用方便的集成电路脉冲分配器供选择，按其电路结构不同，可分为 TTL 集成电路和 CMOS 集成电路。

2. 功率放大驱动电路

功率放大驱动电路完成由弱电到强电信号的转换和放大，也就是将逻辑电平信号变换成电动机绕组所须的具有一定功率的电流脉冲信号。

一般情况下，步进电动机对驱动电路的要求主要有：能提供足够幅值、前后沿较好的励磁电流；功耗小，变换效率高；能长时间稳定可靠运行；成本低且易于维护。

3. 驱动器电路举例

图 8-13 是全自动剥皮扭线机所用步进电动机驱动电路原理图。所选用的电动机为日本东方的两相步进电动机，型号为 PK268-03A-C8。脉冲分配器 PMM8713 采用单脉冲输入，PMM8713 的 3、4 脚接收 PLC 发出的脉冲信号，步进电动机的速度由 PMM8713 的 3 脚脉冲频率决定，正反转方向由 PMM8713 的 4 脚高、低电平决定。出于对力矩、平稳、噪声及减少步进角等方面考虑，采用八拍运行方式，通电顺序为 Φ_1—$\Phi_1\Phi_2$—Φ_2—$\Phi_2\Phi_3$—Φ_3—$\Phi_3\Phi_4$—Φ_4—$\Phi_4\Phi_1$。如果按上述通电顺序，步进电动机正向转动；反之，如果通电顺序相反，则步进电动机反向转动。PMM8713 输出的脉冲经 HD7406P 反向放大后再经功率放大器 SI-7230M 产生电动机所须的激励电流，此时需要的驱动器输出电流为电动机相电流的 0.7，因而电动机发热量小。

对实际学习而言，会选择步进电动机及驱动器，能够进行机械安装、电气配线、设置细分和驱动电流、软件编程控制即可。

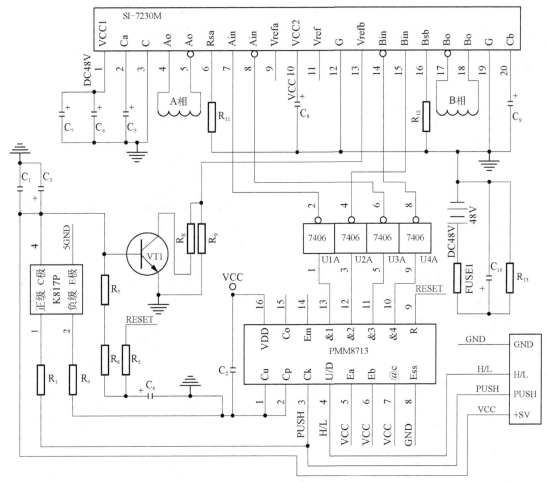

图 8-13 自动剥皮扭线机所用步进电动机驱动电路原理图

采用细分驱动技术可以大大提高步进电动机的步矩分辨率，减小转矩波动，避免低频共振及降低运行噪声。例如：当步进电动机的步距角为 1.8°，那么当细分为 2 时，步进电动机收到一个脉冲，只转动 1.8°/2=0.9°。天煌光机电一体化设备所用雷赛 M415B 细分和电流表见表 8-2。

表 8-2 雷赛 M415B 细分和电流表

	细分设定			电流设定			
细分倍数	步数/圈（1.8°/整步）	SW4	SW5	SW6	电流峰值/A	SW1	SW2	SW3
1	200	ON	ON	ON	0.21	OFF	ON	ON
2	400	OFF	ON	ON	0.42	ON	OFF	ON
4	800	ON	OFF	ON	0.63	OFF	OFF	ON
8	1600	OFF	OFF	ON	0.94	ON	ON	OFF
16	3200	ON	ON	OFF	1.05	OFF	ON	OFF
32	6400	OFF	ON	OFF	1.26	ON	OFF	OFF
64	12800	ON	OFF	OFF	1.50	OFF	OFF	OFF
由外部设定	—	OFF	OFF	OFF				

步进电动机步距角为 1.8°，不用细分（细分倍数为 1）转一圈 360°/1.8°=200 个脉冲。2 细分，400/圈。

驱动器的侧面连接端子中间一般都有一个红色的 8 位 DIP 功能设定开关，可以用来设定驱动器的工作方式和工作参数，包括细分设置、静态电流设置和运行电流设置。图 8-14 是步科 3M458 驱动器 DIP 开关功能划分说明，表 8-3 和表 8-4 分别为细分设置表和输出电流设置表。

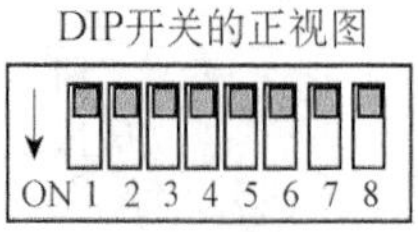

开关序号	ON功能	OFF功能
DIP1~DIP3	细分设置用	细分设置用
DIP4	静态电流全流	静态电流半流
DIP5~DIP8	电流设置用	电流设置用

DIP开关的正视图
ON 1 2 3 4 5 6 7 8

图 8-14　步科 3M458DIP 开关功能划分说明

表 8-3　细分设置表

DIP1	DIP2	DIP3	细分
ON	ON	ON	400 步/转
ON	ON	OFF	500 步/转
ON	OFF	ON	600 步/转
ON	OFF	OFF	1000 步/转
OFF	ON	ON	2000 步/转
OFF	ON	OFF	4000 步/转
OFF	OFF	ON	5000 步/转
OFF	OFF	OFF	10000 步/转

表 8-4　输出电流设置表

DIP5	DIP6	DIP7	DIP8	输出电流
OFF	OFF	OFF	OFF	3.0A
OFF	OFF	OFF	ON	4.0A
OFF	OFF	ON	ON	4.6A
OFF	ON	ON	ON	5.2A
ON	ON	ON	ON	5.8A

3S57Q-04079 步进电动机步距角为 1.8°，即在无细分的条件下 200 个脉冲电动机转一圈，通过驱动器设置细分精度最高可以达到 10000 个脉冲电动机转一圈。

SX-815Q 设备中采用研控 YKD2305M 型步进驱动器与研控 42mm 系列两相步进电动机，型号为 YK42XQ47-02A。其步进驱动器细分表见表 8-5 所示，其输出电流设置表见表 8-5。

表 8-5　研控 YKD2305M 步进驱动器细分表

PU/Rev	400	800	1600	3200	6400	12800	25600	1000	2000	4000	5000	8000	10000	20000	40000
SW8	ON	ON	ON	ON	ON	ON	ON	OFF	OFF	OFF	OFF	OFF	OFF	OFF	OFF
SW7	ON	ON	ON	OFF	OFF	OFF	OFF	ON	ON	ON	ON	OFF	OFF	OFF	OFF
SW6	ON	OFF	OFF	ON	ON	OFF	OFF	ON	ON	OFF	OFF	ON	ON	OFF	OFF
SW5	OFF	ON	OFF	ON	OFF	ON	OFF	ON	OFF	ON	OFF	ON	OFF	ON	OFF

表 8-6　研控 YKD2305M 输出电流设置表

Peak	1.00A	1.46A	1.91A	2.37A	2.84A	3.31A	3.76A	4.20A
RMS	0.71A	1.04A	1.36A	1.69A	2.03A	2.36A	2.69A	3.00A
SW3	ON	ON	ON	ON	OFF	OFF	OFF	OFF
SW2	ON	ON	OFF	OFF	ON	ON	OFF	OFF
SW1	ON	OFF	ON	OFF	ON	OFF	ON	OFF

YK42XQ47-02A 步进电动机步距角为 1.8°，即在无细分的条件下 200 个脉冲电动机转一圈，通过驱动器设置细分精度最高可以达到 40000 个脉冲电动机转一圈。

研控 YKD2305M 型步进驱动器指示灯和引脚功能见表 8-7。

表 8-7　研控 YKD2305M 型步进驱动器指示灯引脚功能

标记符号	功能	注释
PWR	电源指示灯	通电时，绿色指示灯亮
ALARM	故障指示灯	电流过高、电压过高或者电压过低时，红色指示灯亮
PU+	脉冲信号光电隔离正端	接信号电源，+5V～+24V 均可驱动，高于+5V 需要在 PU–端接限流电阻
PU–	脉冲信号光电隔离负端	下降沿有效，每当脉冲由高变低时电动机转一步，输入电阻为 220Ω，要求低电平为 0～0.5V、高电平为 4～5V、脉冲宽度>2.5μs
DR+	方向信号光电隔离正端	接信号电源，+5V～+24V 均可驱动，高于+5V 需要在 DR–接限流电阻
DR–	方向信号光电隔离负端	用于改变电动机转向。输入电阻 220Ω，要求低电平为 0～0.5V、高电平为 4～5V、脉冲宽度>2.5μs
MF+	电动机释放信号光电隔离正端	接信号电源，+5V～+24V 均可驱动，高于+5V 需要在 MF–接限流电阻
MF–	电动机释放信号光电隔离负端	有效（低电平）时关断电动机线圈电流，电动机处于自由状态
–V	电源负极	DC 20～50V
+V	电源正极	
A+		附电动机接线图
A–	电动机接线	
B+		
B–		

8.3　步进电动机和驱动器的选型

1. 步进电动机的选型

步进电动机的选择，机械方面应考虑与拖动设备的安装方式和安装尺寸相配合。电气方面主要包含三个的内容。

（1）步进电动机最大速度选择

步进电动机最大速度一般为 600～1200r/m。

（2）步进电动机定位精度的选择

机械传动比确定后，可根据控制系统的定位精度选择步进电动机的步距角及驱动器的细分等级。一般选择电动机的一个步距角对应于系统定位精度的 1/2 或更小。

（3）步进电动机力矩选择

步进电动机的动态力矩一下子很难确定，往往先确定电动机的静力矩。静力矩选择的依据是电动机工作的负载，而负载可分为惯性负载和摩擦负载两种。直接启动（一般为低速）时，两种负载均要考虑；加速启动时，主要考虑惯性负载；恒速运行时，只要考虑摩擦负载。

2. 步进驱动器的选型

选好步进电动机后，查阅手册选用配套的驱动器。驱动器选择时，应考虑输入采用漏型还是源型与上位机控制器（如 PLC）的配合方便，是否需要光耦作为电平转换；输入电压的高低，是否需要串接电阻；驱动器细分能否满足步进电动机的定位精度要求；驱动器输出电流设置能否满足步进电动机的转矩要求。

在 YL158-GA 装备中选用合适的元器件，模拟实现剥皮扭线机的运动控制。

1. 实训器材

在 YL158-GA 装备中，选用以下器材：

①步进电动机，步科 3S57Q，1 台/1 组。

②步进驱动器，步科 3M458，1 台/1 组。

③维修电工常用仪表和工具，1 套/组。

④船型开关，220V 带灯，1 个/组。

⑤24V 直流电源，1 个/组。

⑥小车运动单元。

2. 实训内容

（1）画出系统接线原理图

在系统接线原理图中，PLC 由外部 24V 开关电源供电。PLC 与步进驱动器接线原理图如图 8-15 所示。在该图中，PLS 为脉冲信号端口，DIR 为方向信号端口，PLS+ 与 DIR+ 处须串接 1～2.2kΩ 的电阻。

（2）接线

根据电气接线原理图完成电气接线。

（3）编写程序

采用 STEP 7-MicroWin SMART 软件为 SMART 200 PLC 编写相应的控制程序。

①计算脉冲当量。YL-158GA 装置的运动小车单元中，每旋转一周，小车进给 4mm，假设步进驱动器设置的细分为 400 步/转，则脉冲当量为 10μm，其计算公式为：

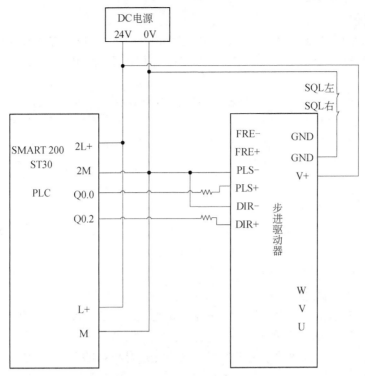

图 8-15　PLC 与步进驱动器接线原理图

$$脉冲当量=4mm（进给量）\div 400（细分数）$$

小车运行一段距离 L，所须的脉冲数 n 的计算公式为

$$n = L / \Delta 0$$

式中，$\Delta 0$——脉冲当量。

②PLC 程序设计。在编程软件中，采用"向导"中的"运动"模块，设置相关参数后生成程序块。采用生成的程序块完成小车运动既定距离的程序设计，并下载到 PLC 中通电测试。

注意： 在接线过程中，SQL 左、SQL 右分别代表小车运动单元的左右极限行程开关，必须将其常闭触点串接到步进驱动器的电源中，起到限位保护作用。

 单元拓展

1. 信号变换问题

西门子 PLC 的晶体管输出多为 PNP 型（CPU224XPsi 为 NPN 输出），步进驱动器有共阴和共阳两种接法。西门子 PLC 控制的步进驱动器应该采用共阴接法，所谓共阴接法就是将步进驱动器的 DIR–、PLS– 与电源负极相连。而信号和方向各只有一个端子的驱动器多为 NPN 输入，很显然，这类驱动器不能直接收西门子的 PNP 信号。

解决方案：

①将西门子 PLC 的信号反相，PLC 的 Q0.0 输出的信号经过三极管 SS8050 后变成步进驱

动器可以接收的信号。

②与方案①类似，PLC 的 Q0.0 输出信号经过非门电路后变成步进驱动器可以接收的信号。

③采用快速光耦，PLC 的 Q0.0 输出信号经过光耦后变成步进驱动器可以接收的信号。

关键点：

需要指出的是，对于要求不高的系统可以采用上述解决方案。推荐采用光耦，因为步进驱动器是 5V 输入，PLC 是 24V 输出，采用光耦就不需要再串接分压限流电阻。因为 PLC 输出的脉冲信号经过处理后，其品质明显变差，容易丢失脉冲。因此，在选购 PLC 和伺服驱动器时，考察好 PLC 的输出和伺服驱动器的输入是否一致，最好选择一致。

2. 电平匹配问题

西门子 PLC 不能与某些步进驱动器直接相连接。这是因为步进驱动器的控制信号是 5V，而西门子 PLC 的晶体管输出信号是+24V，显然不匹配。

解决方案：

①在 PLC 和驱动器之间串联一只 2kΩ 的电阻（1kΩ 也可以），起分压作用，使输入信号近似为 5V。有的资料指出此电阻是为了将输入电流控制在 10mA 左右，也就是起限流作用。在这里电阻的限流或分压作用的含义在本质上是相同的。

②在 PLC 输出的 L 接线端子上接直流+5V 电压也是可行的，但产生的问题是本组其他输出信号都为+5V。

在设计时要综合考虑利弊，从而进行取舍。

参考文献

［1］天津电气传动研究所. 电气传动自动化技术手册［M］. 北京：机械工业出版社，2012.

［2］李冬冬，许连阁，马宏骞. 变频器应用与实训教、学、做一体化教程. 北京：电子工业出版社，2016.

［3］向晓汉，宋昕. 变频器与步进/伺服驱动技术完全精通教程. 北京：化学工业出版社，2017.

［4］陈晓军. 伺服系统与变频器应用技术［M］. 北京：机械工业出版社，2016.

［5］魏召刚. 工业变频器原理及应用［M］. 北京：电子工业出版社，2011.

［6］王建，徐洪亮，梁先霞. 变频器实用技术［M］. 北京：机械工业出版社，2017.

［7］汤晓华，蒋正炎. 电气控制系统安装与调试（三菱系统）. 北京：高等教育出版社，2016.

［8］陈志红. 变频器技术及应用. 北京：电子工业出版社，2015.

［9］刘建. 基于 PLC 的磨线机和剥线机控制系统的设计与实现. 桂林：广西师范大学，2008.

［10］梁俊英. 自动裁线剥皮扭线机硬件电路系统的研制. 桂林：广西师范大学，2008.